W0389139

HUNDE VON A BIS Z

Das erste umfassende Hunde-Lexikon, das im Alltag wirklich hilft!

hundewiese.de

Liebe Hundefreundin,
lieber Hundefreund,

die Ansprüche, die wir an uns selbst als Hundebesitzer stellen, werden immer größer: Wir wollen unseren Hunden ein verlässlicher Freund sein, der sich um ihre Bedürfnisse kümmert; der weiß, was für ein artgerechtes Leben notwendig ist; der gesundheitliche Probleme erkennt und der den Überblick hat im manchmal unübersichtlichen Hunde-Dschungel.

Das alles ist nicht immer einfach und so verliert man schnell die Orientierung bei dem, was wichtig und richtig ist, und dem, was veraltet oder nebensächlich ist. Und genau an dieser Stelle möchten wir Ihnen mit unserem ***Hunde-Lexikon von A bis Z*** *zur Seite stehen. Hier können Sie nachschlagen, was Sie wissen müssen, um Ihrem Hund eben jener zuverlässiger und informierter Partner zu sein, den er so dringend braucht. Ganz gleich, ob es um ein konkretes Problem geht oder ob Sie einfach zum Thema Hund informiert sein wollen: Ihr Hunde-Lexikon informiert Sie leicht verständlich, kompetent und immer unterhaltsam.*

Ihre Regina Rademächers

-A-

VON ABMAGERUNG BIS AUTO FAHREN

Abmagerung (Kachexie)

Sind Rippen, Wirbelsäule und Hüfthöcker bei Ihrem Hund deutlich zu erkennen, ist Ihr Hund zu dünn (Ausnahme: Windhunde). War das Gewicht Ihres Hundes vorher normal, ist die Abmagerung ein sehr ernst zu nehmendes Zeichen, denn es können verschiedene Krankheitsbilder dahinterstecken, z. B.: Nierenerkrankung, Tumore oder Diabetes. Auch ein übermäßiger Wurmbefall kann Grund einer Abmagerung sein. Prüfen Sie auch die Zähne Ihres Hundes, denn Zahnschmerzen können Ihrem Hund den Appetit verderben, sodass er nicht ausreichend Nahrung aufnimmt.

Eine Abmagerung Ihres Hundes sollten Sie immer von einem Tierarzt abklären lassen.

Allergie
(» Futtermittelallergie)

Typische Anzeichen für eine Allergie sind Juckreiz, Hautveränderungen oder Fellverlust. Eine Allergie entsteht, wenn sich das Immunsystem Ihres Hundes gegen einen bestimmten Stoff wendet: das sogenannte Allergen. Das kann etwas ganz Harmloses sein, wird vom Körper aber als Eindringling erkannt, gegen den er vorgehen muss. Die häufigsten Allergien sind die Flohstichallergie, die Umweltallergie (z. B. gegen Waschmittel) oder die Futtermittelallergie. Identifizieren Sie das Allergen, um Ihren Hund davor zu schützen.

Alterserscheinungen

Ab wann ein Hund alt ist, lässt sich pauschal nicht festlegen. Generell sagt man, dass kleine Hunde älter werden als große und schwere Rassen. Doch mit 10 Jahren merkt man fast allen Hunden an, dass der Körper langsam nicht mehr so belastbar ist:

DIE EINSCHRÄNKUNGEN DES ALTERS KOMMEN LANGSAM!

- Die Bewegungen werden schwerfälliger.
- Die Augen werden trüb.
- Das Hören wird schlechter.
- Der Fellwechsel dauert länger.
- Nur der Geruchssinn bleibt meist bis zum Schluss erhalten.

Die Einschränkungen des Alters kommen langsam und so haben Hund und Halter Zeit, sich an die kleinen und großen Veränderungen zu gewöhnen. Damit Ihr Hund sich auch im Alter wohlfühlt, müssen aber einige Grundvoraussetzungen erfüllt werden.

1. ERNÄHRUNG

Achten Sie vor allem beim älteren Hund darauf, dass sein Gewicht optimal ist und er kein Kilo zu viel durch die Gegend schleppen muss. Typische Erkrankungen, die mit dem Alter auftreten können, sind Arthrose, also laienhaft ausgedrückt ein Gelenkverschleiß, und Herzprobleme. Beides wird umso belastender, je mehr Gewicht der Körper tragen muss.

Generell ist im Alter noch einmal eine Futterumstellung nötig, da ca. ab dem 8. Lebensjahr die Nieren nicht mehr so effektiv arbeiten. Wählen Sie dann ein Seniorenfutter, in dem der Protein- und Fettgehalt reduziert ist.

2. BEWEGUNG

Wer rastet, der rostet. Sorgen Sie weiterhin für ausreichende Aktivität, aber passen Sie die Strecken an den Gesundheitszustand Ihres Hundes an. Machen Sie einfach kürzere Spaziergänge mit Ihrem Senior – dafür aber öfter. Anfangs vielleicht 4-mal eine halbe Stunde und wenn auch das zu viel wird, dann 5-mal täglich 15 Minuten.

Achten Sie unbedingt darauf, dass Ihr Hund auf der Hundewiese nicht in wilde Raufereien gerät. Springt ihm ein anderer Hund auf den Rücken oder rempelt ihn an, kann er meist nicht mehr ausweichen oder den Stoß ausgleichen. Bei vielen älteren Hunden merkt man, dass sie zum Selbstschutz die Kontaktaufnahme mit anderen Hunden meiden. Weisen Sie andere Hundebesitzer darauf hin, dass Ihr Hund etwas Rücksichtnahme braucht.

3. WÄRME

An nasskalten Tagen, wenn Sie merken, dass Ihrem Hund das Aufstehen besondere Probleme bereitet, können Sie ihm ein, zwei warme Körnerkissen an den Rücken, den Nacken oder die Hüfte legen.

Solche Körnerkissen werden in der Mikrowelle oder im Backofen erwärmt und geben dann über einen langen Zeitraum eine wohlige Wärme ab, ohne dass es zu heiß werden kann. Erhältlich sind solche Kissen beispielsweise in Drogerien oder Apotheken. Sie kosten etwa 10 €.

Analbeutel

Bei jedem Kotabsatz wird aus den Analbeuteln, die sich rechts und links vom Anus befinden, ein Sekret abgesetzt, das dazu dient, Duftstoffe mit dem Kot an die Umwelt abzusetzen. Es kann passieren, dass diese Analbeutel nicht ausreichend entleert werden, etwa weil der Kot über einen längeren Zeitraum sehr weich war oder weil eine erbliche Veränderung dazu führt, dass die Analdrüsen sehr eng angelegt sind. Dadurch verstopfen die Analbeutel und das führt zu einem unangenehmen Juckreiz – oder gar zu einer Entzündung. Infolgedessen rutscht Ihr Hund mit dem Hinterteil über den Boden, um sich dort zu kratzen.

Abhilfe kann Ihr Tierarzt schaffen: Er kann die gefüllten Analbeutel ausdrücken und damit Ihrem Hund schnell helfen.

Ängstlichkeit

Es fällt uns Hundehaltern nicht immer leicht, die Ängste unserer Hunde zu akzeptieren, denn vor allem große Rassen verknüpfen wir automatisch mit Stärke.

Einen Hund so zu nehmen, wie er ist, fällt leichter, wenn Sie die Ursachen kennen, die dahinterstecken können:

1. SCHLECHTE ERFAHRUNGEN

Hat Ihr Hund in der Vergangenheit wiederholt Schlimmes erlebt, reagiert er auf diese Situation verständlicherweise mit Angst. Vor allem als Welpe schaut er sich zudem ab, wie Artgenossen reagieren: Die Ängste des Muttertieres können sich schon in diesem Alter auf den Kleinen übertragen. Aber auch ein Trauma durch einen Unfall, einen Angriff durch Artgenossen etc. kann eine Angst festigen.

2. FEHLENDE ERFAHRUNGEN

Noch schlimmer als schlechte Erfahrungen sind meist fehlende Erfahrungen. Denn im Welpenalter lernt Ihr Hund zu generalisieren: Ist der eine Mensch nicht schlimm, wird mir der andere wohl auch nichts tun. Erlebt ein Welpe kaum etwas in dieser wichtigen Zeit, kann das Gehirn diese Verknüpfungen später nur noch ganz schwer herstellen.

3. KÖRPERLICHE URSACHEN

Ein hormonelles Ungleichgewicht oder generelle Schmerzen können auch die Ursache für scheinbar unerklärliche Ängste sein. Der Gang zum Tierarzt kann dann Aufschluss geben.

Atemzüge zählen

Die Atmung Ihres Hundes zählen Sie am besten, wenn er entspannt auf der Seite liegt. Zählen Sie dazu das Heben und Senken des Brustkorbs 15 Sekunden lang und multiplizieren Sie die Zahl dann mit 4. So haben Sie die Atemfrequenz für eine Minute ermittelt.

Messen Sie zu verschiedenen Gelegenheiten, also nach dem Spielen, nach dem Gassigehen oder nach dem Schlafen, denn so bekommen Sie ein Gespür für die normale Atmung Ihres Hundes. Zwischen 15 und 40 Atemzüge sind nämlich noch normal – eine breite Spanne, die mit der Größe des Hundes, aber auch mit der Aktivität, die dem Messen vorausgegangen ist, zusammenhängt.

WICHTIG:
ACHTEN SIE AUF DIE BEWEGUNG DES BRUSTKORBS, NICHT AUF DAS HECHELN IHRES HUNDES, DENN HECHELN IST KEIN ATMEN!

Auslandsreise

Jeder Hund muss auf einer Urlaubsreise eindeutig identifizierbar sein. Dies geschieht heute am besten über einen Mikrochip mit international auslesbarer Identifikationsnummer. Die früher übliche Tätowierung wird nicht mehr in jedem Land anerkannt. Ebenfalls überall vorgeschrieben ist eine gültige Tollwutimpfung, eingetragen in einen EU-Heimtierausweis.

Wie alt die Tollwutimpfung sein darf, ist von Land zu Land unterschiedlich. Machen Sie sich also vorsichtshalber rechtzeitig kundig. Zudem ist in einigen Ländern auch noch ein Gesundheitszeugnis vom Amtsveterinär nötig oder eine Behandlung gegen Bandwürmer vorgeschrieben. Auch Welpen bis 3 Monate dürfen – wegen des nicht vorhandenen Impfschutzes – nicht in alle Länder einreisen. Und in Norwegen und Schweden muss der Hund bei der Einreise mit den Unterlagen beim Zoll vorgestellt werden.

Sie sehen: Es ist vor einer Auslandsreise absolut notwendig sich gut zu informieren. Schauen Sie auf die Internetseiten der Auswärtigen Ämter der einzelnen Staaten. Dort finden Sie die aktuellen Informationen zu dem jeweiligen Reiseland.

Ausschlussdiät
(» Futtermittelallergie)

Austrocknung (Dehydration)

Durchfall, Erbrechen, Fieber oder auch ein Hitzschlag führen dazu, dass der Hund zu viel Flüssigkeit verliert. Sie erkennen einen Flüssigkeitsmangel daran, dass die Schleimhäute Ihres Hundes blass sind und dass die Haut weniger elastisch ist. Nehmen Sie dazu eine Hautfalte zwischen zwei Finger und ziehen Sie sie ein wenig hoch. Wenn Sie loslassen, sollte sich im Normalfall die Haut schnell wieder glätten. Bei einer Austrocknung ist die Hautfalte noch mehrere Sekunden lang gut zu erkennen.

Ihr Hund trinkt generell eher zu wenig? Dann machen Sie ihm das Trinken schmackhaft, indem Sie einen erbsengroßen Klecks Leberwurst in seinem Trinkwasser auflösen. So schmeckt es ihm sicher gleich viel besser. Auch auf Trockenfutter sollten Sie bei einem trinkfaulen Hund verzichten und stattdessen auf Nassfutter zurückgreifen.

Auto fahren
(» Reiseübelkeit)

B

VON BABESIOSE BIS BÜROHUND

Babesiose

Babesien sind kleine einzellige Parasiten mit einer typischen birnenförmigen Gestalt. Die Erreger befallen die roten Blutkörperchen, ähnlich wie die Verursacher der Malaria beim Menschen. Daher spricht man auch von der Hundemalaria. Die Babesien vermehren sich in den roten Blutkörperchen und bringen sie zum Platzen. Dadurch werden die Erreger wiederum frei und befallen weitere rote Blutkörperchen. So entsteht eine Blutarmut mit sämtlichen Folgeerscheinungen. Eine akute Infektion verläuft unbehandelt in der Regel tödlich. 5 bis 14 Tage nach der Ansteckung zeigen sich die ersten Symptome wie Fieber, Apathie und Futterverweigerung. Nach ungefähr weiteren 3 bis 5 Tagen zeigen sich Anämie, dunkel verfärbter Urin, Einblutungen in die Schleimhaut und eine vergrößerte Milz. Die Antikörper im Blut können erst ca. 14 Tage nach erfolgter Infektion nachgewiesen werden. In manchen Fällen ist es dann leider schon zu spät. Im direkten Blutausstrich sind die Babesien aber manchmal direkt nachweisbar.

Übertragen werden die Babesien durch die Auwaldzecke. Der beste Schutz vor Babesiose sind daher Spot-on-Präparate, Halsbänder oder Tabletten, die Zecken abtöten oder/und fernhalten.

Bandwurm, gurkenkernförmiger

Die häufigste Bandwurmart ist der gurkenkernförmige Bandwurm. Der Hund scheidet mit dem Kot Bandwurmglieder aus, die Eier enthalten. Diese sehen fast wie Reiskörner aus und sind leicht im Kot zu erkennen. Flöhe, Haarlinge und Läuse nehmen diese Eier als Zwischenwirt auf. Verschluckt der Hund nun ein infiziertes Insekt, entwickelt sich im Dünndarm des Hundes wieder der geschlechtsreife Wurm.

Medikamente, die Würmer abtöten, sind als Paste, Tabletten oder Spot-on beim Tierarzt erhältlich.

Barfen

Immer mehr Hundebesitzer barfen ihre Hunde. Der ungewöhnliche Begriff Barf stammt ursprünglich aus dem Englischen und bedeutet ins Deutsche übertragen „Biologisch artgerechte Roh-Fütterung". Doch damit ist nicht gemeint, dass beim Barfen nun den Hunden einfach täglich ein Stück Rindfleisch in den Napf gelegt wird. Auch Gemüse, Obst und Knochen stehen auf dem Speiseplan.

VIELE GRÜNDE KÖNNEN DAFÜRSPRECHEN, AUF EINE ROHFÜTTERUNG UMZUSTELLEN:

VIER GUTE GRÜNDE FÜR DAS BARFEN!

- Sie wissen genau was im Hundenapf landet, nämlich nur das, was Sie auch hineintun. Es sind also keine Krallen, Sehnen, Federn oder ähnliche tierische Nebenprodukte im Fleischanteil, sondern nur das, was Sie als wertvoll und gesund erachten.
- Reagiert Ihr Hund allergisch auf ein bestimmtes Nahrungsmittel, dann können Sie dieses ganz einfach weglassen. Sie müssen nicht fürchten, dass geringe Mengen von beispielsweise Rind, Weizen oder Geschmacksverstärkern, im Futter landen, auch wenn die Stoffe nicht auf der Verpackung deklariert sind.
- Viele Hundebesitzer, die ihre Hunde barfen, können eine deutliche Verbesserung des Fells, der Zähne und des Allgemeinzustands feststellen.
- Auch ist es ziemlich einfach mehr Bio-Produkte auf den Speiseplan zu bringen, das gilt natürlich beim Fleisch, aber auch bei Gemüse oder Obst.

Doch ganz so einfach ist die Sache mit dem Barfen leider nicht. Und zwar, weil eben nicht nur Fleisch gefüttert werden darf, sondern weil Sie auch penibel darauf achten müssen, dass wirklich alles in der Nahrung ist, was Ihr Hund für seine Gesundheit benötigt.

Wenn Sie Ihren Hund barfen, dann müssen Sie sich intensiv mit der Ernährung auseinandersetzen – das ist zwar auf der einen Seite ein Vorteil, schließlich erfahren Sie so eine Menge über Ihren Hund und dessen Bedürfnisse, auf der anderen Seite bedeutet das aber auch eine große Verantwortung:

Barfen heißt, streng darauf zu achten, dass Muskelfleisch, Innereien, Pansen, Knochen, Gemüse und Obst in der richtigen Zusammensetzung gegeben werden. Wer täglich ein Putenschnitzel und Kartoffeln füttert, wird der Gesundheit seines Hundes auf lange Sicht keinen Gefallen tun – da wäre man dann besser beim Fertigfutter geblieben.

Bisswunden (Erste Hilfe)

Bisswunden sind, unabhängig von Größe und Tiefe, besonders tückisch. Bei diesen Wunden ist die Infektionsgefahr besonders hoch. Im Speichel und auf den Zähnen tummeln sich nämlich unzählige Bakterien. Oft hinterlassen Bisse nur kleine Stanzlöcher in der Haut, diese bluten kaum und schließen sich schnell, in der Tiefe jedoch können übel riechende, eitrige Infektionen entstehen. Daher gilt: Mit Bisswunden suchen Sie am besten Ihren Tierarzt auf! Er reinigt und desinfiziert die Wunde und verordnet gegebenenfalls ein Antibiotikum. Bisswunden werden wegen der hohen Infektionsgefahr in der Regel nicht oder nur teilweise genäht.

Achtung: Wird ein kleiner Hund von einem Großen gebissen, sind oft schwere innere Verletzungen die Folge. Auch wenn äußerlich nur kleine Verletzungen sichtbar sind, gilt hier immer: **sofort (!)** zum Tierarzt.

Blasenentzündung

Ursachen einer Entzündung der Blase sind oftmals Bakterien, manchmal aber auch Harnsteine und Tumore. Die Bakterien stammen meistens von der Haut, den Geschlechtsorganen oder dem Verdauungstrakt. Ebenfalls eine Rolle spielen die Begleitumstände, um eine Blasenentzündung auszulösen: Schwimmen in kühlem Wasser oder nasskaltes Wetter im Herbst bzw. Winter, vor allem, wenn das Fell während des Spaziergangs längere Zeit kalt und feucht ist, können eine Entzündung begünstigen. Grundsätzlich sind Hunde jeden Alters betroffen, aber kastrierte Hündinnen haben ein etwas erhöhtes Risiko, da es durch die fehlenden weiblichen Hormone (Östrogene) zur Erschlaffung des Schließmuskels an der Blase kommt. Und so können die Bakterien dort leichter eindringen. Auch Hunde mit einer geschwächten Immunabwehr sind empfänglicher. In diesem Falle vermehren sich die Bakterien, die natürlicherweise im Harntrakt vorkommen, massiv. Das ist übrigens auch eine häufige Begleiterscheinung bei Diabetes mellitus oder dem Cushing-Syndrom.

DAS SIND DIE SYMPTOME FÜR EINE BLASENENTZÜNDUNG

- Das klassische Symptom ist ein vermehrter Harndrang (Polyurie) und oft wird dabei nur eine kleine Menge Urin abgesetzt.
- Die Hunde möchten häufiger raus und wenn ihre Not nicht erkannt wird, kann es sein, dass sie unsauber werden.
- Oft trinken die erkrankten Tiere mehr als gewöhnlich.
- Eine Blasenentzündung ist oft schmerzhaft und die Tiere geben beim Urinabsatz Schmerzlaute von sich oder versuchen, lange einzuhalten. Dadurch verschlimmert sich das Ganze jedoch, denn der Urinabsatz hat einen Spüleffekt. Verbleibt der Urin dagegen lange in der Blase, können sich die Bakterien noch schneller vermehren.
- Manchmal fällt den Besitzern auch ein unnatürlicher Geruch, eine Trübung oder rötliche Verfärbung (Blut, Hämaturie) des Urins auf.
- Einige Hunde zeigen ein deutliches Unwohlsein bis hin zur Apathie. Fieber kann bei schweren Infektionen ebenfalls auftreten.

Akute Entzündungen entstehen plötzlich und häufig sind Bakterien die Übeltäter. Die Heilungschancen sind sehr gut. Behandelt man die Blasenentzündung jedoch nicht, kann die Infektion bis zu den Nieren hochsteigen und eine Nierenbeckenentzündung hervorrufen.

Hat der Hund dagegen in kurzen Abständen immer wieder Blasenprobleme, spricht man von einem **chronischen Geschehen**. Gründe dafür können sein, dass die Erreger durch falsche Medikamente, eine zu geringe Dosis oder bei zu kurzer Therapiedauer im unteren Harntrakt überleben können.

Tipp: Generell ist bei einer Blasenentzündung wichtig, dass Ihr Hund viel trinkt, damit die Harnwege ordentlich durchgespült werden. Weichen Sie daher zu dieser Zeit das Trockenfutter mit viel Wasser ein oder geben Sie sogar noch etwas zusätzliches Wasser unter das Feuchtfutter. Sehr hilfreich ist auch ein abgekühlter Fenchel- oder Kamillentee, den Sie Ihrem Hund als Trinkwasser reichen.

Außerdem ist Wärme wichtig. Achten Sie im Akutfall darauf, dass Ihr Hund sich schont, er nicht auskühlt, nicht schwimmen geht und nicht im Regen oder Schnee durchnässt.

ACHTEN SIE AUF AUSREICHEND WÄRME!

Blutohr

(» Othämatom)

Borreliose

Bei Mensch und Tier verursachen Borrelien eine Erkrankung namens Borreliose (Lyme Disease). Es handelt sich um Bakterien, die zur Familie der Spirochäten (Schraubenbakterien) zählen. Es gibt viele verschiedene Borrelien-Stämme, die unterschiedlich gehäuft fast weltweit auftreten. In Europa, Amerika und Asien ist es die am weitesten verbreitete Krankheit, die von Vektoren (lat. vector „Reisender", „Träger") übertragen wird. Der Vektor selbst ist nur Überbringer der Krankheitserreger, ohne selbst daran zu erkranken. Hauptüberträger sind in diesem Fall eine Zecke namens Gemeiner Holzbock (Ixodes ricinus), aber auch andere Zeckenarten. Die Bakterien finden sich in allen Stadien der Zeckenentwicklung, von der Larve über die Nymphe bis zur erwachsenen Zecke. Als Erregerreservoir sind kleine Nagetiere und Wildtiere zu nennen.

Die Borrelien leben im Darm der Zecke und wandern über die Lymphbahn in die Speicheldrüsen der Zecken. Beim Saugakt werden die Bakterien dann über den Speichel in die Haut des Wirtes abgegeben. Diese Übertragung erfolgt ca. innerhalb von 12 bis 48 Stunden nach Beginn des Saugaktes. Diesen Umstand kann man sich zunutze machen, indem man seinen Hund und sich selbst nach einem Spaziergang auf Zeckenbefall untersucht, um die Plagegeister schnellstmöglich zu entdecken und fachgerecht zu entfernen.

Sind die Borrelien in den Körper des Wirtes eingedrungen, beginnen sie in unterschiedliche Gewebe einzuwandern. Die verschiedenen Stämme haben ihre eigenen Vorlieben, beispielsweise die Haut, das Nervensystem oder die Gelenke.

Die Erkennung einer frischen Infektion ist sehr schwierig, da die Krankheitssymptome eher unspezifisch sind und stark von Hund zu Hund variieren können.

MÖGLICHE SYMPTOME EINER BORRELIOSE

- Die Tiere sind antriebslos, müde und verweigern mitunter ihr Futter.
- Manchmal sind einzelne oder wiederkehrende Fieberschübe mit bis zu 40 °C zu verzeichnen.
- Eine Schwellung der Lymphknoten ist möglich, ebenso Lahmheiten, Schwellungen und Schmerzen in den Gelenken.
- Möglich sind auch Gesichtsnervenlähmungen und andere neurologische Ausfälle.

Falls die Krankheit lange unentdeckt und somit unbehandelt bleibt, kann es in der Folge zu irreparablen Schäden von Organen wie Herz und Niere kommen. Andererseits sind völlig symptomlose Verläufe nicht selten. Seit einigen Jahren ist eine Schutzimpfung gegen Borreliose auf dem Markt. Die erhältlichen Impfstoffe decken jedoch nur einzelne Stämme ab und nicht alle, die in Deutschland vorkommen. Daher empfiehlt sich trotz Impfung ein Zeckenschutz in Form von Spot-on-Präparaten, Halsbändern oder Tabletten.

Bürohund

Immer mehr Vorgesetzte erlauben ihren Mitarbeitern einen Hund mit zur Arbeit zu nehmen. Damit sich alle mit dieser Entscheidung wohlfühlen, müssen Sie Folgendes beachten:

IHR HUND MUSS

- frei von Parasiten und besonders gepflegt sein. Hundebesitzer stören sich nur selten am typischen Hundegeruch und nehmen es auch nicht übel, wenn der Hund sich mal in Jauche gewälzt hat. Doch im Büro muss der Hund sauber und adrett sein.
- sehr gut erzogen sein. Sie können keine Grundsatzdiskussionen mit ihm führen, wenn der Kunde an der Theke wartet oder Sie gerade ein wichtiges Telefonat führen. Er sollte wenig bellfreudig sein.
- auch mal im Büro allein bleiben können und vor allem darf er kein territoriales Verhalten zeigen, also nicht Ihr Büro gegenüber Kollegen oder Kunden verteidigen.
- eher der entspannte und gelassene Typ Hund sein, den nichts und niemand so schnell aufregt oder gar aus der Fassung bringt.

-C-

VON CLICKERN BIS CUSHING-SYNDROM

Clickern

Eine Methode mit der Sie Ihrem Hund punktgenau Tricks beibringen können, ist das Clickern. Einfach formuliert geht es beim Clickern darum, dass Ihr Hund mit dem Klick etwas Positives verbindet, in der Regel eine Futterbelohnung. Ausgelöst wird der Klick von einem Clicker, den man früher als Kind auch Knackfrosch genannt hat.

Ihr Hund lernt zunächst, in vielen Wiederholungen, dass auf einen Klick ein Leckerchen folgt. Und so reicht schon bald der bloße Klick, damit Ihr Hund versteht, dass genau dieses Verhalten, dass er gerade gezeigt hat, richtig ist. Die Futterbelohnung muss gar nicht sofort kommen – der Klick ist quasi ein Versprechen, dass er später seinen Hundekeks bekommen wird.

DAS RICHTIGE TIMING IST DAS A UND O

Wie immer gilt auch hier: Das richtige Timing ist entscheidend. Damit ein Hund ein Lob oder auch eine Strafe mit seinem Verhalten in Verbindung bringen kann, dürfen nur winzige Augenblicke vergehen. Das hört sich leichter an, als es in Wirklichkeit ist. Bringen Sie Ihrem Hund beispielsweise gerade „Sitz" bei, ist es noch einfach: In dem Moment, wo der Hintern auf dem Boden ist, gibt es ein Leckerchen. Doch was machen Sie, wenn Ihr Hund lernen soll, sich in etwa 10 Metern Entfernung von Ihnen hinzusetzen? Bis Sie dort angekommen sind, um ihn zu belohnen, wäre viel zu viel Zeit vergangen. Mit einem Clicker können Sie punktgenau belohnen – das Futter dazu gibt es dann einfach später.

Sie werden sich vielleicht fragen, warum man den Umweg über den Clicker gehen soll und nicht einfach ein „Fein!" oder ein Schnalzgeräusch stattdessen nimmt. Einfach, weil ein Clicker präziser ist. Mit der Stimme kommen wir leicht durcheinander: Heute sagen wir „Fein!", aber morgen kommt dann wie von selbst ein „Prima!" über unsere Lippen. Zudem ist das Clickergeräusch immer gleich und völlig frei von Emotionen. Wir pushen damit den Hund weder auf, noch zeigen wir darüber, dass wir genervt oder angespannt sind. Ein Schnalzgeräusch klappt sicher auch ganz gut, aber dann ist wirklich wichtig, dass Sie es NUR zum Clickern einsetzen, und nicht doch einmal in einer anderen Situation, etwa wenn Sie mit einem Schnalzen zur Eile antreiben wollen.

Cushing-Syndrom

Grundsätzlich ist diese Erkrankung die häufigste hormonelle Entgleisung bei Hunden. Die meisten Tiere erkranken im Alter von 10 bis 12 Jahren daran. Prinzipiell können sämtliche Rassen betroffen sein. Hervorgerufen wird das Cushing-Syndrom in 85 % aller Fälle durch einen Tumor der Hirnanhangsdrüse (Hypophyse). Dazu neigen vor allem Hunde kleiner Rassen. In etwa 15 % aller Fälle liegt ein Nebennierentumor vor, wobei hier oft Hunde mit einem Körpergewicht von mehr als 20 kg betroffen sind. Aber auch eine Behandlung mit zu viel Cortison kann Grund für die Erkrankung sein. Egal, welche Ursache der Erkrankung zugrunde liegt: Der Körper produziert zu viel Cortisol. Und zwar ist es der Nebennierentumor selbst, der das Cortisol übermäßig ausschüttet oder der Tumor der Hirnanhangsdrüse setzt ein Hormon frei, das wiederum die Nebenniere anregt, verstärkt Cortisol zu produzieren.

SYMPTOME EINES CORTISOL-ÜBERSCHUSSES

Der Cortisol-Überschuss bewirkt eine Reihe von Symptomen. Die auffälligsten sind:

- vermehrtes Trinken
- vermehrter Urinabsatz
  Dieses Phänomen ist dadurch zu erklären, dass Cortisol die Freisetzung eines anderen Hormons (ADH) aus der Hypophyse hemmt.

EBENFALLS ZEIGEN DIE BETROFFENEN PATIENTEN:

- Hautveränderungen, wie z. B. seitlichen Haarausfall
- Hautentzündungen
- vermehrte Pigmentierung
- einen runden Hängebauch
  Grund für den Hängebauch ist eine vergrößerte Leber und eine Schwächung der Bauchmuskulatur infolge des gestörten Stoffwechsels durch das überschüssige Cortisol.

Es gibt verschiedene Behandlungen – je nachdem, ob die Nebenniere oder die Hirnanhangsdrüse der Auslöser ist:

- Ist der Tumor der Nebenniere klein und hat noch nicht gestreut, empfiehlt sich die chirurgische Entfernung.
- Auch der Tumor der Hirnanhangsdrüse kann chirurgisch entfernt werden, aber es gibt nur wenige Standorte in Deutschland, die die nötige Ausrüstung und Erfahrung für solch eine Operation besitzen.
- Zudem gibt es noch die Möglichkeit einer Strahlentherapie.
- Doch in den meisten Fällen wird eine medikamentöse Therapie eingeleitet. Dies hängt unter anderem damit zusammen, dass die Krankheit meist erst in einem fortgeschrittenen Stadium entdeckt wird. Hat der Tumor schon gestreut, macht eine Operation keinen Sinn. Zudem birgt auch jede Operation Nebenwirkungen und auch die Kosten sind – vor allem bei einer OP der Hirnanhangsdrüse – relativ hoch.

-D-

VON DEKLARATION BIS DURCHFALL

Deklaration (Hundefutter)

Es gibt zwei Formen der Deklaration auf Futtermitteln: die Offene und die Geschlossene.

Bei der **geschlossenen Deklaration** werden die Inhaltsstoffe zu einer Gruppe zusammengenommen. Dort steht dann beispielsweise „Fleisch und tierische Nebenprodukte, Getreide". Aber welches Fleisch es ist oder um welches Getreide es sich handelt, erfahren Sie nicht.

Anders bei der **offenen Deklaration:** Hier wird genauer aufgeschlüsselt, was im Futter drin ist. Dort könnte also statt „Getreide" stehen: „Mais, Soja, Weizenkeime". Eigentlich eine gute Idee. Eigentlich, denn ...

Achtung: Wenn ein Produkt in erster Linie aus Getreide besteht, dann muss dies auch an erster Stelle der Zusammensetzung stehen: Die Reihenfolge richtet sich nach den Gewichtsanteilen. Schlüsselt man nun das Getreide auf, dann hat jedes einzelne Getreide (Mais, Soja, Weizen) wenig Gewicht, zusammengenommen kann es aber mehr sein als der Fleischanteil des Produkts. Aber der Hersteller kann völlig legal das Fleisch an die erste Stelle setzen und dann erst die einzelnen Getreidesorten auflisten.

Nur eine transparente Deklaration, die angibt wie viel Prozent Fleisch enthalten sind, hilft da weiter. Hersteller, die nichts zu verbergen haben, können ganz genau auflisten woraus ihr Futter besteht, z. B.: Hühnerfleisch (70 %), Kartoffeln, getrockneter Fisch, Lachsöl …

Demenz

Genau wie bei uns Menschen kann auch bei Hunden die Gedächtnisleistung im Alter deutlich abnehmen. Umgangssprachlich spricht man dann auch beim Hund von Demenz. Heilbar ist die Demenz nicht, aber wird sie frühzeitig bemerkt, kann man den Verlauf verzögern und zwar durch alles was die Grauen Zellen stimuliert: Neues kennenlernen, knifflige Aufgaben lösen, Abwechslung im Alltag. Achten Sie unbedingt darauf, dass Ihr Hund ausreichend trinkt, denn Flüssigkeitsmangel schwächt die Gehirnleistung zusätzlich.

ZEICHEN FÜR EINE BEGINNENDE DEMENZ SIND Z. B.:

- Ihr Hund kann plötzlich Kommandos, die er gut kennt, nicht mehr ausführen.
- Der Hund verliert zunehmend die Orientierung, findet nicht mehr den Weg vom Park nach Hause und verläuft sich schließlich sogar innerhalb der Wohnung. So kann es passieren, dass es ihm nicht gelingt, den Weg aus einer Zimmerecke hinauszufinden.

- Auch Kot und Urin werden zunehmend im Haus abgesetzt.
- Menschliche und hündische Freunde werden nicht mehr erkannt.

Räumen Sie in dieser Zeit Ihre Wohnung so wenig wie möglich um. Kontinuität hilft Ihrem Senior durch diese Zeit zu kommen. Klare Futterzeiten und ein geregelter Tagesablauf geben dem demenzerkrankten Hund zudem eine gewisse Sicherheit.

Demodikose

Haarbalgmilben (Demodex canis) sind sehr kleine Milben mit schlankem, zigarrenförmigem Körper und 8 Stummelbeinchen. Sie sind eng an ihren Wirt angepasst und verbringen ihre gesamte Entwicklung auf ihrem Wirtstier, genauer gesagt in den Haarfollikeln. Bei sehr starkem Befall leben sie zusätzlich in den Talgdrüsen. Außerhalb des Wirts können diese Milben nicht überleben. Ein Milbenweibchen legt innerhalb von 3 bis 4 Wochen etwa 20 Eier. Diese entwickeln sich über jeweils 2 Larven- und 2 Nymphenstadien zur erwachsenen Milbe. In geringer Anzahl verursachen diese Milben keine Symptome und sie sind vor allem bei jungen Hunden weitverbreitet. Übertragen werden sie bereits in den ersten Lebenstagen von der Hündin auf die neugeborenen Welpen, und zwar durch direkten Körperkontakt, wie z. B. beim Säugen. Erst wenn beispielsweise das Immunsystem geschwächt ist, etwa durch eine Krankheit oder Medikamentengabe, können die Milben zum Problem werden.

Bei Hunden die jünger als 6 Monate sind, tritt vor allem die **lokalisierte Form** auf. Hier treten zunächst eine oder mehrere haarlose, zum Teil schuppige, trockene Stellen im Bereich des Kopfes (oft „Brillenbildung") und der Vorderbeine auf. Unter Juckreiz leiden die Hunde meistens nicht. Dieses Stadium heilt oft spontan innerhalb von 6 bis 10 Wochen ohne Behandlung ab.

EINE DEMODIKOSE KANN IN UNTERSCHIEDLICHEN FORMEN AUFTRETEN!

Aus der lokalen Form kann sich allerdings die **generalisierte Form** entwickeln, die hartnäckig den ganzen Körper befällt. Kommen zu den kahlen Stellen schuppende Ekzeme mit kleieartigen Auflagerungen, Hautrissen oder Verhornungen, spricht man von der **squamösen Demodikose**. Entzünden sich die betroffenen Hautstellen zusätzlich durch Bakterien, kann es zu eitrigen Hautentzündungen, Pusteln und Furunkeln kommen. Das ist die sogenannte **pustulöse Form**. Diese kann besonders schmerzhaft sein, besonders wenn die Pfoten betroffen sind. Der Hund knabbert ständig an den Pfoten, wodurch sich die ganze Sache noch verschlimmert – ein Teufelskreis.

Als Therapie wird der Tierarzt über mehrere Wochen ein antibakterielles Shampoo und ein Spot-on-Präparat gegen Milben verschreiben. Auch eine Stärkung des Immunsystems ist wichtig, um die Selbstheilungskräfte der Haut zu unterstützen.

Diabetes

Diabetes mellitus ist eine relativ häufige Stoffwechselstörung, bei der der Körper nicht mehr in der Lage ist seinen Blutzuckerspiegel zu kontrollieren. Das Hormon Insulin spielt eine große Rolle bei der Kontrolle des Blutzuckers. Es wird in bestimmten Zellen der Bauchspeicheldrüse (Pankreas) gebildet. Insulin ist wichtig für die Fähigkeit des Körpers, Glukose (Zucker) zu verwerten und zu speichern. Jede Körperzelle braucht Glukose als Energielieferanten, doch dazu muss die Glukose in die Zelle gelangen. Für diesen Vorgang ist Insulin notwendig: Insulin bindet sich an die Zelle und öffnet sie für die Glukose – quasi wie ein Türöffner. Bei Diabetes ist die Insulinproduktion gestört bzw. das Insulin wirkt nicht richtig. Dann reichert sich die Glukose im Blut an, während die Zellen nach Glukose „hungern". Der Körper hilft sich notgedrungen, indem er andere Nährstoffe als Energielieferanten verwendet: Sowohl die Eiweißreserven als auch die körpereigenen Fettreserven werden abgebaut, wobei schädliche Stoffwechselprodukte anfallen, die ihrerseits zu weiteren Komplikationen führen können. Langfristig kann es zu einer Leberverfettung kommen.

Um seinen Energiebedarf zu decken, frisst ein zuckerkrankes Tier oft mehr als vorher, nimmt aber dennoch ab, da es die Nahrung nicht richtig verwerten kann. Steigt der Blutzuckergehalt über 180 mg/dl, beginnen die Nieren die überschüssige Glukose auszuscheiden. Das bedeutet: Wenn Glukose im Urin nachgewiesen wird, sind die normalen Blutzuckerwerte bereits sehr weit überschritten. Der

Körper muss sehr viel Flüssigkeit verstoffwechseln, um die überschüssige Glukose auszuscheiden. Das erklärt auch das vermehrte Trinkverhalten (Polydipsie) und die entsprechend erhöhte Urinmenge (Polyurie).

Die Therapie bei Diabetes besteht zum einen in der Zufuhr von Insulin und zum anderen in der Anpassung der Fütterung. Die Einstellung des entgleisten Blutzuckerspiegels erfolgt nicht über Nacht mit „einer" Insulininjektion, sondern es dauert meist mehrere Wochen, bis die richtige Dosis gefunden und der Blutzuckerspiegel stabilisiert ist.

Das Ziel der Insulingabe und der Ernährungsumstellung ist, den Blutzuckerspiegel langfristig konstant zu halten. Bei adäquater Behandlung können die betroffenen Hunde oft viele Jahre bei gutem Allgemeinbefinden leben. Eine enge Zusammenarbeit zwischen Tierhalter und Tierarzt ist aber immer Voraussetzung.

Durchfall

Nicht jeder Durchfall ist gleich ein Zeichen für eine schlimme Erkrankung Ihres Hundes. Es ist zunächst einmal eine Maßnahme des Körpers, schädliche Substanzen loszuwerden. Genau wie bei uns Menschen, wenn wir etwas Schlechtes gegessen haben, das einfach „raus will" – und dann ist am nächsten Tag meist schon wieder alles gut.

Genauso verhält es sich beim Hund. Auch er hat dabei Bauchschmerzen, die Sie häufig an einer leicht gekrümmten Haltung erkennen. Manchmal kann man auch den Bauch grummeln hören. Der Grund ist häufig verdorbenes Futter, das er unterwegs aufgenommen hat, aber auch ein leichter Infekt oder Nervosität können eine Rolle spielen.

Natürlich kann Durchfall auch das Anzeichen einiger ernsthafter Erkrankungen sein. **Bei folgenden Symptomen sollten Sie unbedingt den Tierarzt aufsuchen:**

- blutiger Kot
- schwarzer oder quittengelber Kot
- zusätzliches Würgen
- Erbrechen
- Fieber oder Unterkühlung
- Schwäche
- blasse Schleimhäute

Bei Welpen, alten Hunden, blutigem Durchfall oder wenn nach zwei Tagen keine Besserung eingetreten ist, sollten Sie immer den Tierarzt aufsuchen.

E

VON EHRLICHIOSE BIS EUTHANASIE

Ehrlichiose

Die Ehrlichiose wird durch eine Bakterienart der Gattung Rickettsien namens Ehrlichia canis verursacht. Dieses Bakterium befällt spezielle Typen von weißen Blutkörperchen. Die braune Hundezecke ist der Überträger der Bakterien. Diese Zeckenart bevorzugt ein mildes, warmes Klima und ist im gesamten Mittelmeerbereich sowie in den Tropen und Subtropen verbreitet. Durch die Einschleppung der Zecken nach Deutschland ist es auch hierzulande schon zu Infektionen gekommen. Die Inkubationszeit, also die Zeit von der Ansteckung bis zur Ausprägung der ersten Symptome, ist mit bis zu 3 Wochen beschrieben.

BEI DER EHRLICHIOSE WERDEN GROB DREI PHASEN UNTERSCHIEDEN:

1. Die erste Phase kann 2 bis 4 Wochen andauern. Die meisten Hunde zeigen in dieser Anfangsphase milde Symptome wie Fieberschübe, Appetitlosigkeit, Antriebslosigkeit und Gewichtsverlust. Manche fallen durch eine erhöhte Blutungsneigung (z. B. Nasenbluten) und geschwollene Lymphknoten auf. In dieser Phase schafft es das Immunsystem entweder, die Infektion abzuwehren oder es beginnt die zweite Phase.
2. Diese sogenannte subklinische Phase, während der die Tiere kaum Symptome zeigen, kann Monate bis Jahre dauern.
3. Meistens werden die Hunde im anschließenden chronischen Stadium beim Tierarzt vorgestellt. In dieser dritten Phase sind wieder Fieber, Apathie und Nahrungs-

verweigerung vorherrschend. Dazu kommen oft eine stark erhöhte Blutungsneigung, Abmagerung und Ödeme in der Unterhaut. Bei einer Ultraschalluntersuchung oder auf einem Röntgenbild des Bauchraums ist in vielen Fällen eine Vergrößerung der Milz und/oder der Leber zu erkennen. Aufgrund der Verminderung der Blutplättchen kann es auch im Gehirn zu Blutungen kommen. Das kann dann neurologische Symptome wie Bewegungsstörungen oder gar Krampfanfälle auslösen.

Zur Behandlung wird ein Antibiotikum über 4 Wochen verabreicht, das die in den weißen Blutzellen lebenden Bakterien abtötet.

Eichenprozessionsspinner

Wesentlich gefährlicher als Bienen und Wespen sind für Ihren Hund Raupen – und zwar die Raupen des Eichenprozessionsspinners. Diese giftig behaarten Raupen leben tagsüber in Gespinsten an Eichenrinden und wandern dann abends in langen Reihen zu ihren Fressplätzen. Die Haare der Raupen sind mit feinsten Widerhaken versehen, die in der Haut von Mensch oder Hund abbrechen und zu sehr schmerzhaften Ausschlägen und Entzündungen führen können. Beobachten Sie im Sommer sehr genau, was sich unter Eichen am Boden abspielt. Sind große Nester der Eichenprozessionsspinner bekannt, warnt das Grünflächenamt häufig mit entsprechenden Hinweisen vor bestimmten

Waldabschnitten. Nehmen Sie diese Warnung unbedingt ernst und meiden Sie diese Wege mit Ihrem Hund.

Einschläferung

(» Euthanasie)

Ellbogengelenksdysplasie

EIN VON ED BETROFFENES GELENK IST IMMER ANFÄLLIG FÜR ARTHROSE

Unter dem Namen Ellbogengelenksdysplasie (ED oder einfach nur Ellbogendysplasie) fasst man verschiedene wachstumsbedingte Fehlbildungen des Ellbogengelenkes zusammen. All diesen Formen ist gemeinsam, dass sie nicht heilbar sind! Das betroffene Gelenk wird immer eine Angriffsfläche für Arthrose bleiben!

1. Als gesichert gilt eine **erbliche Komponente** für die ED. Besonders häufig betroffen sind großwüchsige, schwere Hunde wie Rottweiler, Berner Sennenhund, Labrador Retriever oder Deutscher Schäferhund.
2. Außerdem spielt ein **zu schnelles Wachstum** des Tieres eine Rolle. Insgesamt lässt sich sagen, dass die Welpen in den ersten Monaten nahezu rasant wachsen und ab dem 6. Lebensmonat verlangsamt sich die Wachstums-

rate vor allem deutlich merkbar bei den großen bis sehr großen Rassen. Das bedeutet im Umkehrschluss, dass die Hunde, die ein Endgewicht von mehr als 35 kg haben, ab dem 6. Lebensmonat proteinreduziert gefüttert werden sollten. Einige Hunde werden leider viel zu lange mit dem sehr energiereichen Futter für Welpen gefüttert. Das führt zu einem unharmonischen Wachstum zwischen Knochen, Knorpel und Muskeln und begünstigt somit Skelett- und Gewichtsprobleme.

3. Als weiterer Faktor bei der Entstehung einer ED wird eine **permanente Überbeanspruchung** des Gelenks vermutet. Bitte vermeiden Sie starke Belastungen während der Wachstumsphase wie lange Spaziergänge, Fahrradfahren und häufiges Treppensteigen.

Tatsache ist jedoch, dass selbst Hunde mit optimaler Haltung eine schwere Ellbogendysplasie entwickeln können.

Epilepsie

Es gibt viele mögliche Ursachen innerhalb und außerhalb des Gehirns für Epilepsie und somit auch sehr unterschiedliche Erscheinungsbilder. Grundsätzlich handelt es sich um eine spontane elektrische Entladung einiger Nervenzellen im Großhirn.

Im Körper gibt es verschiedene Moleküle, die für die Signalübertragung im Gehirn verantwortlich sind (sogenannte

Neurotransmitter). Ganz grob unterscheidet man Neurotransmitter die einen hemmenden Einfluss auf die Nervenzelle haben und solche, die die Zellen anregen. Zwischen diesen beiden existiert ein fein abgestimmtes Gleichgewicht. Kommt es nun zu einem Überhang der anregenden Neurotransmitter, hat dies einen epileptischen Anfall zur Folge.

Die Epilepsie ist die häufigste chronische neurologische Funktionsstörung des Hundes. Es gibt viele Ursachen und so sind ein ausführliches Gespräch mit dem Tierhalter und eine gründliche Diagnostik sehr wichtig. Schon die Eckdaten wie Alter beim ersten Anfall, Rasse und Geschlecht können Anhaltspunkte liefern: Meist sind die Tiere im Alter von 6 Monaten bis 6 Jahren, wenn die Erkrankung auftritt. Aber ob sich eine Epilepsie entwickelt, hängt vermutlich auch von individuellen und umweltbedingten Faktoren ab.

MAN UNTERSCHEIDET VERSCHIEDENE PHASEN BEI DER EPILEPSIE:

1. Die Vorläuferzeit (Prodromalphase) kann Stunden bis Tage vor dem Anfall auftreten und die Besitzer beobachten dabei oft Ruhelosigkeit, Reizbarkeit, Nähe suchen, unmotiviertes Bellen oder Schnüffeln.
2. Es folgt die Aura mit auffälligem Schnuppern oder Geruchsempfindlichkeit wenige Sekunden vor dem Anfall. Dieses Phänomen ist eher beim Menschen erforscht, was an der fehlenden Mitteilungsfähigkeit der Tiere liegt.
3. Den eigentlichen Anfall bezeichnet man als Iktus. Dieser setzt plötzlich ein und ist gekennzeichnet durch motorische Aktivität wie Ruderbewegungen der Gliedmaßen,

Muskelzuckungen, Pupillenweitstellung, Speicheln, Harn- und Kotabsatz sowie Bewusstseinseintrübung.

4. Es schließt sich das Postiktum an, währenddessen die Tiere desorientiert und benommen wirken, umherwandern, manchmal nicht sehen können oder auch aggressiv reagieren. Oft wird der Besitzer nicht vollständig erkannt, daher ist auch beim eigenen Tier der Selbstschutz nicht zu vergessen! Dieses Stadium kann Minuten bis Stunden andauern. Es ist beendet, sobald der Hund wieder sein normales Verhalten zeigt.

Ein lebensbedrohlicher Notfall stellt ein Serienanfall (Anfallscluster, Status epilepticus) dar. Das bedeutet, dass mehrere Krampfanfälle aufeinander folgen, ohne dass der Hund zwischenzeitlich das Bewusstsein wiedererlangt. Dann ist ein stationärer Aufenthalt nötig, denn es besteht Lebensgefahr.

Die Therapie mit Phenobarbital erfolgt rein symptomatisch und es kann leider dadurch keine Heilung erzielt werden. Ziel ist stattdessen eine langfristige Anfallsfreiheit mit minimalen Nebenwirkungen bei guter Lebensqualität. Meist gelingt eine sehr gute Verlängerung der anfallsfreien Intervalle, sodass viele Hunde trotz Epilepsie ein schönes Leben führen können.

Erbrechen

Viele Hunde, die schnell gestresst und nervös auf ihre Umwelt reagieren, erbrechen häufig ihr Futter. Jegliche Aufregung, egal ob positive oder negative, scheint ihnen auf den Magen zu schlagen. Haben Sie so ein kleines „Nervenbündel" zu Hause, dann sollten Sie beim Füttern unbedingt auf Folgendes achten:

4 TIPPS BEI ERBRECHEN AUFGRUND VON STRESS

- Füttern Sie nur wenn Ihr Hund entspannt ist. Also nicht direkt nach dem Spaziergang, wenn er vielleicht noch vom Ballspiel außer Atem ist.
- Stellen Sie seinen Napf in eine Ecke, in der Ihr Hund seine Ruhe hat. Viele Hunde, die beim Fressen unter Anspannung stehen, schlingen das Futter erst recht runter, wenn sich Artgenossen oder Menschen dem Napf nähern. Leben mehrere Hunde in Ihrem Haushalt, dann probieren Sie einmal aus, ob Ihr nervöser Hund sein Futter besser verträgt, wenn er es räumlich getrennt von den anderen fressen kann.
- Wenn Sie Ihrem Hund Nassfutter geben, dann achten Sie darauf, dass Sie es rechtzeitig aus dem Kühlschrank holen, damit es nicht zu kalt ist und den Magen nicht unnötig reizt.
- Und probieren Sie aus, ob sich das Problem verbessert, wenn Sie die Tagesration auf drei oder sogar vier Portionen aufteilen.

Euthanasie

Das Einschläfern eines geliebten Haustieres ist Vertrauenssache. Besprechen Sie mit Ihrem Tierarzt, welche Bedenken Sie haben. Er wird Ihnen darlegen, welche Maßnahmen noch sinnvoll sind und was er selbst verantworten kann und will. Bei der Einschläferung wird der Tierarzt Ihrem Hund zunächst über die Vene eine Beruhigungsspritze geben und anschließend ein überdosiertes Narkosemittel verabreichen. In manchen Fällen, wenn der Zugang über die Venen nicht mehr möglich ist, wird auch direkt in den Muskel oder ins Herz gespritzt. Der Tierarzt wird danach eine Weile warten und dann überprüfen, ob wirklich keine Lebenszeichen mehr zu erkennen sind.

Tipp: Viele Tierärzte bieten es an, zur Einschläferung des Hundes ins Haus zu kommen und so das Tier in gewohnter Umgebung einzuschläfern. Das bedeutet für den Hund weniger Stress, und auch für Sie, Ihre Kinder oder andere Hunde im Haus ist es so möglich, in Ruhe Abschied zu nehmen. Nach dem Tod treten meist noch Urin und Kot aus. Legen Sie also unbedingt eine dicke Decke oder Folie ins Hundekörbchen. Denken Sie auch daran, wenn Sie den Hundekörper aus der Tierarztpraxis mit nach Hause nehmen.

Hat Ihr Tierarzt den Tod des Hundes festgestellt, dann können Sie sicher sein, dass dem auch so ist. Doch häufig bewegt sich der tote Körper noch: Es bewegen sich die Gliedmaßen oder zucken Muskeln. Lassen Sie sich nicht verunsichern: Das sind ganz natürliche biochemische Reaktionen im Leichnam.

-F-

VON FAHRRAD FAHREN BIS FUTTERMITTELALLERGIE

Fahrrad fahren

Lauffreudige Hunde lieben es, neben dem Rad herzulaufen. Doch damit das Ganze nicht der Gesundheit Ihres Hundes schadet, müssen Sie Folgendes dabei beachten:

- **Ganz wichtig:** Ihr Hund darf erst am Rad mitlaufen, wenn er ausgewachsen ist.
- Bei sommerlichen Temperaturen müssen Sie aufs Radeln mit Hund verzichten, denn dann ist das Laufen zu anstrengend und hinzukommt, dass der Asphalt die Hitze noch verstärkt und die Ballenhaut verletzen kann.
- Halten Sie zwischendurch an und geben Sie Ihrem Hund die Chance sich kurz auszuruhen. Dabei sehen Sie auch, ob er stark hechelt. Wenn das der Fall ist, dann schieben Sie Ihr Rad eine Weile, bis Ihr Hund wieder normal atmet.
- Haben Sie eine Flasche Wasser dabei, damit Ihr Hund zwischendurch etwas trinken kann.
- Und achten Sie darauf, dass das Tempo nicht zu hoch ist. Vor allem mit einem E-Bike sind Sie leicht versucht, zu schnell zu radeln. Je nach Größe des Hundes sind 8 bis 12 km/h optimal. Ihr Hund soll locker traben und auf keinen Fall galoppieren! Den Unterschied erkennen Sie am Rhythmus: Traben ist „tab, tab, tab, tab“, galoppieren ist „ta-dam, ta-dam, ta-dam“!

Wenn Sie vor allem im Sommer Tageszeit, Entfernung und Tempo an die Bedürfnisse und Fähigkeiten Ihres Hundes anpassen, macht Ihr Hund sicher gern mit, denn in der Regel sind wir Menschen auf normalen Spaziergängen für unsere Hunde viel zu langsam unterwegs. Etwas schneller ist daher ganz nach ihrem Geschmack.

Fahrradkorb

Sie können einen Hundekorb sowohl vorne an der Lenkstange als auch hinten auf dem Gepäckträger befestigen. Jede Befestigungsart hat Vor- und Nachteile:

BEFESTIGUNGSARTEN DES HUNDEKORBS AUF DEM FAHRRAD

- Möchten oder müssen Sie Ihren Hund immer im Blick haben, bringen Sie den Fahrradkorb vorne an.
- Können Sie Ihren Hund mit gutem Gewissen auch außerhalb Ihres Blickwinkels transportieren, bringen Sie den Korb lieber hinten an. Hier ist er auch vor dem Fahrtwind besser geschützt.
- Ist Ihr Hund auf dem Gepäckträger untergebracht, bleibt das Rad stabiler. Ab einem Gewicht von 6 kg sollten Sie Ihren Hund grundsätzlich in einem Korb auf dem Gepäckträger transportieren.

DAS SOLLTEN SIE BEI EINER RADTOUR BEACHTEN:

- Fahrtwind und fehlende Bewegung führen schnell zur Auskühlung. Friert Ihr Hund, sollten Sie ihn mit einer wärmenden Decke schützen.
- Bei starker Sonneneinstrahlung braucht Ihr Hund einen Sonnenschutz. Decken Sie dann das Gitter bzw. den Deckel mit einem leichten Handtuch ab.
- Sichern Sie Ihren Hund unbedingt durch einen geschlossenen Deckel und durch eine Fixierung mit einer Kurzleine, damit er nicht während der Fahrt aus dem Korb springen kann.

Fastentag

Manche Hundehalter lassen ihre Hunde an einem Tag der Woche fasten. Die Begründung ist, dass auch Wölfe nicht jeden Tag einen voll gedeckten Tisch haben und durchaus Fastenzeiten überstehen müssen. Das ist sicher richtig, allerdings hat sich auch der Steinzeitmensch nicht jeden Tag satt gegessen – doch legen wir deshalb regelmäßig einmal wöchentlich einen Fastentag ein? Eher nicht.

Es schadet Ihrem Hund sicher nicht, aber wirkliche Vorteile bringt es auch nicht. Allerdings reagieren einige Hunde auf einen leeren Magen mit morgendlichem Erbrechen – und das schon nach rund 12 Stunden ohne Futter. In solch einem Fall würde ich von Fastentagen abraten.

Fieber messen

Fetten Sie die Spitze des Thermometers mit etwas Creme, z. B. Vaseline ein, heben Sie den Schwanz an und stecken Sie den silbernen Teil der Spitze in den After des Hundes, etwa 1 bis 2 cm tief. Dann erst drücken Sie die Starttaste des Thermometers.

Tipp: Manche Hunde wollen sich hinsetzen, sobald man sich an ihrem Hinterteil zu schaffen macht. Schieben Sie eine Hand unter den Bauch des Hundes, damit Sie ihn daran hindern können, sich zu setzen. Sonst ist die Gefahr zu groß, dass sich das Thermometer zu tief in den After drückt.

Flöhe

Flöhe haben das ganze Jahr Saison und fühlen sich auch im Winter in der Wohnung so richtig wohl, denn die geheizten Räume sind ganz nach ihrem Geschmack. Und genau da halten sie sich nämlich auf: in der Wohnung! Man geht davon aus, dass bei einem Flohbefall nur rund 5 % der Tierchen auf dem Hund leben, der Rest verteilt sich in Form von Larven und Puppen in der Wohnung, im Auto oder im Garten.

ANZEICHEN DAFÜR, DASS IHR HUND VON FLÖHEN BEFALLEN IST:

5 ANZEICHEN FÜR FLOHBEFALL

- Sie finden dunkle Krümel im Fell oder auf der Schlafdecke (Flohkot) Ihres Hundes.
- **Tipp:** Wenn Sie diese Krümel mit Wasser anfeuchten, färben sie sich rötlich.
- Ihr Hund leidet an starkem Juckreiz.
- Er schnappt sich plötzlich in die Seite oder beknabbert Rute und Hinterbeine.
- An der weichen Haut der Schenkelinnenseiten entdecken Sie Hautrötungen und Pusteln.
- Meist liegen zwei oder drei Einstiche direkt nebeneinander.

Im dichten Fell werden Sie Flöhe mit bloßem Auge kaum sehen können. Kämmen Sie deshalb beim ersten Verdacht auf einen Flohbefall mit einem speziellen Flohkamm das Fell durch. Kämmen Sie dabei ganz nah an der Haut Ihres Hundes entlang. So holen Sie entweder den Flohkot (siehe oben) oder sogar einzelne Tierchen aus dem Fell hervor. Und wenn sich Ihr Verdacht bestätigt hat, geht es los mit der Behandlung.

SO BEKÄMPFEN SIE DEN FLOHBEFALL

- Ein Anti-Floh-Mittel vom Tierarzt in Form von Tabletten, Spot-on, Halsband, Shampoo oder Puder hilft, die Parasiten auf Ihrem Hund zu beseitigen. Halten Sie sich an die Gebrauchsanweisung und die vorgeschriebenen Wiederholungen der Behandlung, damit auch nachwachsende Flöhe erfasst werden.

- Waschen Sie alle Decken, Teppiche, Hundemäntel und Körbchen wenn möglich bei 60 °C in der Waschmaschine. Denken Sie auch an Fußmatten oder Decken im Auto. Was nicht gereinigt werden kann, entsorgen Sie möglichst.
- Saugen Sie Ihre Wohnung gründlich, auch in allen Ecken, Fugen und Ritzen. Werfen Sie den Staubsaugerbeutel danach direkt in die Mülltonne vor dem Haus. Wiederholen Sie das Ganze an den 2 folgenden Tagen.
- Sprühen Sie Decken, Autositze und alles was nicht waschbar und entsorgbar ist, mit einem Anti-Floh-Spray ein. Am besten mit einem Spray, das ohne Pestizide wirkt – denn Ihr Hund wird sich ja nach seiner Behandlung dort wieder hinlegen.

SO BEKÄMPFEN SIE DEN FLOHBEFALL

Frakturen

(» Knochenbrüche)

Fressunlust

Gesundheitliche Probleme können dem Hund das Fressen vermiesen. Das fängt an bei Zahnproblemen, durch die das Fressen für den Hund schmerzhaft wird. Aber auch Arthrose im Nackenbereich kann vor allem bei älteren Hunden dazu führen, dass sich beim Hinabbeugen des Kopfes Schmerzen einstellen. Ein Besuch beim Tierarzt (inklusive Blutbild) kann Klarheit bringen, ob eine Erkrankung hinter der Fressunlust steckt. Vor allem wenn die Nieren, Bauchspeicheldrüse oder Leber angegriffen sind, stellen viele Hunde das Fressen ein.

Können Sie gesundheitliche Probleme ausschließen, haben Sie Ihren Hund wahrscheinlich zu einem Futterverweigerer erzogen. Das geschieht schneller als man denkt und meist geschieht dies in den ersten Wochen nachdem das Tier eingezogen ist oder während bzw. nach einer Krankheit, wenn man seinem Hund etwas besonders Gutes tun will:

- Ein Hund, der gerade eingezogen ist, ist häufig so überfordert mit der neuen Situation, dass er kurzzeitig nicht fressen will. Ein, zwei Tage ohne Futter sind für ihn gesundheitlich kein Problem, aber für uns schon: Wir meinen ihm das Futter so schmackhaft wie möglich machen zu müssen und tappen so unbewusst in die Falle: Statt des normalen Futters wird ihm gebratenes Hühnchen serviert, noch etwas Käse unters Futter gemischt oder ein Leberwurstbrot geschmiert. Und manch ein Hund hat dann schnell raus, dass es noch etwas Besseres gibt, als das ganz normale Hundefutter – er muss nur lange genug betteln.

- Ähnlich verhält es sich, wenn Sie nach einer Erkrankung für ihn kochen und nur das Beste servieren, damit er wieder zu Kräften kommt.

Es ist auch möglich, dass sich ein sehr unsicherer Hund nicht traut zu fressen, weil der Besitzer immer danebensteht und ihn gut gemeint ermuntert. Für einen ängstlichen Hund könnte es so aussehen, als würden Sie neben Ihrem Futter stehen und auf ihn einreden, dies bloß nicht anzurühren.

SO MACHEN SIE IHREM HUND WIEDER APPETIT AUFS FUTTER

1. Schritt: Machen Sie kleine Zugeständnisse

- Füttern Sie Feuchtfutter, das meist besser als Trockenfutter angenommen wird.
- Achten Sie darauf, dass das Futter nicht direkt aus dem Kühlschrank kommt, sondern handwarm ist.
- Füttern Sie Ihren Hund in ruhiger Umgebung und lassen Sie ihn dann mit seinem Napf allein.

2. Schritt: Bleiben Sie dann aber konsequent

- Stellen Sie Ihrem Hund morgens seinen Futternapf hin.
- Verlassen Sie den Raum damit er in Ruhe fressen kann und damit Sie nicht mit Ihrer eigenen Nervosität (frisst er oder nicht?) den Hund verunsichern.
- Nach 10 Minuten nehmen Sie den Napf weg. Egal wie viel Ihr Hund schon davon gefressen hat.
- Die nächste Mahlzeit gibt es dann wieder am Abend. Mit exakt der gleichen Futtersorte.
- Auch jetzt hat der Hund wieder 10 Minuten Zeit zu fressen, dann kommt der Napf weg.

Vielleicht wird Ihnen gerade ganz schwer ums Herz und Sie können sich nicht vorstellen so mit Ihrem Hund umzugehen? Keine Sorge: Vor einem vollen Napf ist noch kein Hund verhungert. Es wird ihm nicht schaden, wenn er so zwei, drei Mahlzeiten verpasst, bis er verstanden hat, dass nun nur noch dieses Futter zur Verfügung steht.

Fuchsbandwurm

Der Fuchsbandwurm kommt in Deutschland (vornehmlich in Süddeutschland), Zentral- und Osteuropa vor. Sein wichtigster Endwirt ist der Rotfuchs und natürliche Zwischenwirte sind Feldmäuse und andere Nagetiere. Falls Ihr Vierbeiner wilde Beutetiere wie Mäuse und Kaninchen frisst, steigt die Wahrscheinlichkeit einer Ansteckung.

Der Fuchs- sowie der Hundebandwurm können für den Menschen lebensgefährlich sein: Im Falle einer (sehr seltenen!) Ansteckung kommt es zu einer Zystenbildung in der Leber und anderen Organen, die unbehandelt tödlich verläuft. Meist infiziert sich der Mensch über Wurmeier, die die Tiere im Fell tragen oder mit dem Kot ausscheiden.

Futtermilben

Die Futter- oder Vorratsmilbe gehört zur Familie der Hausstaubmilben und ist mit dem bloßen Auge nicht zu erkennen. Sie leben bevorzugt dort, wo es relativ warm und feucht ist, also im Hausstaub von Badezimmer oder Küche. Je nach Art lieben sie eiweißreiche oder pflanzliche Nahrung und siedeln sich dann mit Vorliebe auch in der Hundefutter-Tonne an. Stimmen die Umgebung und das Nahrungsangebot, können die Nahrungsmilben bis zu mehrere Monate alt werden.

Die Futtermilben können während der Produktion ins Futter gelangen, wenn zum Beispiel das Getreide schon mit Milben verunreinigt ist. Aber auch zu Hause können sich die Milben ihren Weg von der Vorratskammer zum Hunde-Trockenfutter suchen, wenn dieses nicht luftdicht verschlossen ist. Denn nicht nur im Hundefutter, sondern auch in unseren Nahrungsmitteln fühlen sie sich wohl, etwa in Mehl, Müsli oder Brot.

Viele Hunde reagieren auf diese Milben allergisch. Und zwar dann, wenn sie die kleinen Milben über das Futter aufnehmen. Der Magen-Darm-Trakt reagiert auf die Milben und vor allem auf die Eiweißbestandteile des Kots der Milben. Die typischen Folgen sind ein starker Juckreiz und schließlich durch das Kratzen verursachte Hautentzündungen. Da es nicht ganz einfach ist die Milben zu 100 % aus der Futtertonne fernzuhalten, sollten Sie, wenn Ihr Hund allergisch auf die Milben reagiert, auf Nassfutter umsteigen.

Futtermittel

Nicht alles, was Sie im Fachgeschäft als Hundefutter kaufen, ist für die tägliche Ernährung geeignet, denn es gibt Alleinfutter und Ergänzungsfutter. Diesen Unterschied müssen Sie kennen, damit Ihr Hund optimal versorgt ist:

ALLEINFUTTERMITTEL

In einem als Alleinfuttermittel deklarierten Hundefutter müssen alle Mineralstoffe, Spurenelemente und Proteine in der Menge vorhanden sein, die der Hund zum Leben braucht. Es ist kein zusätzliches Futter notwendig. Alleinfuttermittel gibt es für Welpen, erwachsene Hunde und Senioren. Einfach formuliert: Mit diesem Futter ist die Versorgung des Hundes gesichert. Über die Qualität der Versorgung ist damit aber noch nichts gesagt.

Wichtig: Die Versorgung mit allen Mineralstoffen und Co. ist dann gesichert, wenn der Hund nach der auf der Verpackung empfohlenen Ration ernährt wird. Füttert man hingegen nur die Hälfte der für das Gewicht des Hundes empfohlenen Menge und füllt stattdessen den Napf mit Nudeln oder Karotten auf, kann es unter Umständen auf Dauer zu einer Mangelernährung kommen.

ERGÄNZUNGSFUTTERMITTEL

Mit einem Ergänzungsfuttermittel kann ein selbst zubereitetes Futter ergänzt werden, etwa durch Mineralstoffe oder Vitamine, damit der Nährstoffgehalt stimmig ist.

SPEZIALFUTTER

Dieses sogenannte therapeutische Diätfutter ist auf verschiedenste spezielle Ernährungsansprüche zugeschnitten und darf nur nach Absprache mit dem Tierarzt gefüttert werden. Dieses Futter ist für Hunde konzipiert, die beispielsweise Leber-, Darm-, Harn- oder Nierenerkrankungen haben oder unter Diabetes leiden. Gesunde Hunde können auf eine Ernährung mit solch einem Spezialfutter mit ernsthaften Mangelerscheinungen reagieren.

Futtermittelallergie

Manche Hunde vertragen einfach ein bestimmtes Futter nicht. Dabei spielt es meist keine Rolle, ob es sich um ein hochwertiges Futter handelt oder nicht.

Um herauszufinden welchen Bestandteil des Futters Ihr Hund nicht verträgt, füttern Sie am besten zunächst ein Futter, das nur aus einer reinen Fleischsorte besteht – und zwar aus einer, die in Ihrem „normalen" Hundefutter möglichst nicht enthalten war, also beispielsweise Pferd oder Lamm. Erhältlich sind solche reinen Sorten im gut sortierten Tierfutterhandel. Und dann finden Sie über die Ausschlussdiät heraus, was Ihr Hund verträgt und was nicht:

- Achten Sie darauf, dass wirklich nur diese Fleischsorte enthalten ist. Und dass es sich um ein „Alleinfuttermittel" handelt, denn dann sind alle Vitamine und Mineralstoffe zugesetzt, damit Ihr Hund während dieser recht einseitigen Fütterung keine Mangelernährung erleidet.
- Wenn Sie merken, dass Ihr Hund auf das neue Futter gut reagiert, können Sie dazu übergehen eine weitere Fleischsorte auszuprobieren – etwa Ente, Hirsch etc. So bekommen Sie im Laufe der Zeit heraus, was ihrem Hund bekommt – und was nicht mehr in den Napf gehört. Sie sollten jeden Bestandteil mindestens 3 Wochen ausprobieren – verträgt Ihr Hund das Futter gut, nehmen Sie dann erst einen neuen Futterbestandteil hinzu.

- **Auch Gemüse oder Getreide testen Sie auf diese Weise:** Geben Sie immer einen neuen Bestandteil hinzu und warten Sie ab, wie Ihr Hund reagiert.

Lassen Sie sich Zeit. So eine Ausschlussdiät braucht einige Wochen. Erwarten Sie nicht, dass nach zweitägigem Füttern einer neuen Fleischsorte alle Magenprobleme behoben sind.

Und vergessen Sie nicht während dieser Zeit auch unbedingt alle Leckerchen wegzulassen! Oder nur auf solche zurückzugreifen, die ausschließlich aus der Fleischsorte bestehen, die Sie gerade füttern. Sonst verfälschen Sie Ihren Unverträglichkeitstest und finden nicht heraus, was Ihr Hund gut oder schlecht verträgt.

-G-

VON GÄHNEN BIS GRAS FRESSEN

Gähnen

Weiß Ihr Hund mit einer Situation nicht umzugehen, dann gähnt er. Kann er etwas Neues nicht einschätzen oder weiß er nicht, wie er reagieren muss, dann löst er diese innere Spannung durch das Gähnen auf.

Ihr Hund gähnt ebenfalls, wenn er sich in der Nähe eines anderen Hundes gerade unsicher fühlt. Er hat Stress mit der Situation und baut durch das Gähnen diesen Stress ab. Gleichzeitig signalisiert er mit dem Gähnen seinem Gegenüber, dass von ihm keine Gefahr ausgeht.

Hinzu kommt, dass – ähnlich wie beim Menschen – das Gähnen ansteckend ist. Und so ist die Chance groß, dass auch der andere Hund mit einem Gähnen reagiert und seinerseits dadurch entspannter wird.

Dieses Übersprungsgähnen können Sie auch beobachten, wenn Sie Ihren Hund rügen. Gähnt er, ist es höchste Zeit, allen Ärger runterzuschlucken, denn Ihr Hund fühlt sich unwohl und zeigt Ihnen das deutlich. Das müssen Sie als fairer Hundehalter respektieren.

GÄHNEN ALS ÜBERSPRUNGS-HANDLUNG

Durch ein ausgiebiges Gähnen wird der Körper mit einer Extraportion Sauerstoff versorgt. Hat sich Ihr Hund angestrengt, dann sorgt das Gähnen für einen Frischeschub und bringt verbrauchte Energie zurück.

Zu guter Letzt kann natürlich auch ganz normale Müdigkeit der Grund fürs Gähnen sein. Ein Hund braucht eine ganze Menge Schlaf- und Ruhepausen: je nach Alter und Konstitution sind dies bis zu 20 Stunden täglich. Übertreiben Hund und Halter die Aktivitäten am Tag, dann zeigt Ihnen ein herzhaftes Gähnen, dass es jetzt spätestens an der Zeit ist, eine Pause einzulegen.

Gebärmuttervereiterung

(» Pyometra)

Gebührenordnung (GOT)

Die Tierärzte unterliegen der sogenannten GOT (Gebührenordnung für Tierärzte). In dieser sind die Mindestsätze und zulässigen Höchstsätze, die ein Tierarzt für seine jeweiligen Behandlungen nehmen muss/darf, geregelt. Innerhalb dieser Bandbreite sind Schwankungen möglich. Ein Preisvergleich kann sich daher lohnen.

Geburt

Man teilt die Geburt in 3 Stadien ein: Öffnungsstadium, Austreibungsstadium und Nachgeburtsphase.

1. **Im Öffnungsstadium** bemerkt der Tierhalter Anzeichen der nahenden Geburt. Manche Hündinnen zeigen Unruhe, hecheln verstärkt, winseln, suchen vermehrt ihre Wurfkiste auf und scharren dort (Nestbauverhalten) und belecken ihre Vulva.

   Vermehrt schleimiger Ausfluss aus der Scheide ist ebenfalls ein eindeutiges Signal. Ab jetzt sollten Sie Ihre Hündin gut beobachten.

   Es folgen erste leichte Wehen und der Gebärmutterhals öffnet sich vollständig. Diese erste Phase der Geburt dauert zwischen 6 und 24 Stunden.

2. **Im Austreibungsstadium** sind die Wehen deutlich sichtbar und innerhalb einer Stunde sollte der erste Welpe das Licht der Welt erblicken. Der Abstand zur Geburt des nächsten Welpen kann bis zu einer Stunde betragen. Die Geburt aller Welpen kann bei manchen Hündinnen bis zu 12 Stunden dauern (Mittelwert: 3–6 Stunden).

3. Mit der **Nachgeburtsphase** endet die Geburt jedes einzelnen Welpen: Etwa 15 Minuten nach der Geburt eines jeden Welpen wird die Nachgeburt ausgestoßen.

Geschirr

Der große Vorteil eines Hundegeschirrs gegenüber einem Halsband ist, dass es den Leinendruck gleichmäßig verteilt – und dabei die Halsregion ausspart. Doch es gibt einiges zu beachten, denn ein Brustgeschirr das nicht richtig sitzt, kann dem Hund gesundheitliche Schäden zufügen.

DARAUF SOLLTEN SIE BEI EINEM HUNDEGESCHIRR ACHTEN

- Das Geschirr darf nicht zu eng sein und vor allem nicht von oben auf die empfindliche Wirbelsäule drücken.
- Der Brustgurt muss bei großen Hunden eine Handbreit von den Vorderbeinen entfernt am Körper anliegen, bei kleinen Rassen entsprechend etwas weniger. Wichtig ist, dass in der Achsel keine Schnallen scheuern.
- Das Rotieren der Schulter darf nicht gestört werden. Es darf also kein Gurt über den Schulterblättern liegen.
- Auch dürfen gerade in Höhe des Ellenbogengelenks keine Schnallen befestigt sein, an die das Bein stoßen könnte. Der Hund versucht sonst, durch eine Drehung des Ellenbogengelenks, dem auszuweichen. Das kann auf Dauer zu Fehlstellungen führen.
- Die Gurte müssen weich und breit sein.
- Hat das Geschirr im Brustbereich einen Metallring, durch den die Gurte laufen, dann darf dieser nicht auf den Brustbeinknochen drücken.

Getreide

Immer mehr Hundebesitzer legen Wert auf ein getreidefreies Hundefutter. Getreide scheint geradezu ein absolutes No-Go geworden zu sein. Doch warum eigentlich?

Ein Argument gegen Getreide im Hundefutter ist, dass der Hund nun mal kein Pflanzenfresser und seine Verdauung nicht auf große Mengen Getreide eingestellt ist. Und Tatsache ist, dass Getreide vor allem bei weniger hochwertigem Futter oft den Hauptbestandteil ausmacht.

Und hier liegt das Problem: Es ist einfach zu viel Getreide im Futter. Energie und Eiweiß sollten aber in erster Linie tierischen Ursprungs sein und durch Getreide nur ergänzt werden.

Ein zweiter wichtiger Punkt ist, dass immer mehr Hunde an Allergien und Unverträglichkeiten leiden. Da gibt es zum einen die bei Hunden eher seltene Zöliakie, eine Glutenunverträglichkeit, die mit chronischen Dünndarmentzündungen und Durchfall einhergeht. In diesem Fall sollte auf glutenhaltige Getreidesorten wie Weizen, Roggen und Gerste verzichtet werden. Mais, Reis und Hirse sind dann jedoch kein Problem.

Eine Getreideeiweißallergie beim Hund kann ebenso ein wichtiger Grund sein auf Getreide im Futter zu verzichten. Über eine Ausschlussdiät findet der Hundebesitzer in Abstimmung mit dem Tierarzt heraus, worauf der Hund allergisch reagiert. Es wird also jeweils ein Futterbestandteil eine Zeit lang komplett weggelassen, bis man eine Besserung erkennt. Auslöser einer Futtermittelallergie kann Getreide sein, aber auch tierische Eiweißquellen oder Farb- und Konservierungsstoffe.

Ein gesunder Hund, der sein Futter gut verträgt, darf durchaus Getreide in seinem Futternapf finden – allerdings in Maßen. Können Sie jedoch Unverträglichkeiten wie Durchfall, Juckreiz, Hautirritationen etc. beobachten, dann könnten dies auch Anzeichen einer Getreideunverträglichkeit sein und Sie müssten, sollte sich der Verdacht bestätigen, Wert auf ein hochwertiges getreidefreies Futter legen.

Gewicht

SO ERKENNEN SIE, OB IHR HUND ZU DICK IST:

Stellen Sie sich so hin, dass Sie von oben auf Ihren Hund blicken können. Jetzt fahren Sie mit Ihren Händen am Rumpf Ihres Hundes entlang:

- Die Rippen sind nicht tastbar. Zwischen Ende der Rippenbögen und Beginn der Hüfte gibt es keine

Taille. Über der Schwanzwurzel gibt es ein spürbares Fettpolster
» Ihr Hund hat deutliches Übergewicht.

- Sie können die Rippen spüren, wenn Sie mit den Fingern feste drücken. Eine Taille ist zu erahnen. Die Beckenknochen spüren Sie kaum.
» Ihr Hund hat etwas Übergewicht.

- Sie können die Rippen gut spüren, die Taille ist deutlich ausgeprägt und auch die Beckenknochen können Sie leicht ertasten.
» Ihr Hund hat eine gute Figur!

Giardien

Giardien sind in Europa weitverbreitete einzellige Erreger, die zu den Flagellaten (Geißeltierchen) gehören und bei einer Vielzahl von Wirbeltieren vorkommen. Es gibt im Lebenszyklus dieses Parasiten zwei Stadien. Zum einen den beweglichen, birnenförmigen Trophozoiten mit zwei Zellkernen und vier Geißelpaaren. Dieser besiedelt den Dünndarm, vermehrt sich durch wiederholte Zweiteilung und bildet dann das andere Stadium: die Zyste. Diese Zysten sind sehr widerstandsfähig und gelangen mit dem Kot in die Umwelt. Über verseuchtes Wasser, Lebensmittel, Lecken der Analgegend oder Kotfressen werden sie vom Wirt aufgenommen. Die Magensäure zerstört die Zyste, wodurch wiederum die Trophozoiten freigesetzt werden. Diese besiedeln nun den Dünndarm und heften sich an die Oberfläche der Darmschleimhautzellen. Dort irritieren und schädigen sie die feinen Schleimhautzotten, welche aus der Nahrung die Nährstoffe aufnehmen. Die Folge: Die Tiere magern ab, obwohl sie ausreichend Futter zu sich nehmen.

Die fortschreitende Entzündung der Darmschleimhaut durch die Giardien führt zu wiederkehrenden Durchfällen mit hellem, schleimigem, übel riechendem Kot. Und da der Darm nun geschwächt ist, haben zudem bakterielle Sekundärinfektionen ein leichtes Spiel. Bei ganz schweren Krankheitsverläufen kann es auch zu Erbrechen, Appetitlosigkeit und Apathie kommen.

MEISTENS SIND JUNGTIERE BIS ZU EINEM JAHR BETROFFEN

Meistens sind Jungtiere bis zu einem Jahr betroffen. Doch natürlich sind auch erwachsene Tiere infiziert, zeigen jedoch häufig keine klinischen Symptome. Und hier liegt das Problem: Denn auch wenn sie keine Beschwerden zeigen, scheiden diese Hunde doch die infektiösen Zysten aus und stellen somit ein Infektionsrisiko für andere dar.

Giardia-Zysten werden in riesigen Mengen (bis zu 10 Millionen Zysten pro Gramm Kot) ausgeschieden – dabei reichen bereits 10 Zysten aus, um sich zu infizieren. Und sie sind verdammt widerstandsfähig: Im Wasser sind sie bis zu 3 Monate infektiös und selbst im feuchten Boden (Hundewiese, Ausläufe) überleben sie bis zu 7 Wochen. Lediglich

Trockenheit und längere Minusgrade vertragen sie nicht. Die Parasiten können nur mit einer wirklich peniblen Hygiene und Antiparasitika besiegt werden.

Giftige Lebensmittel

Einige Lebensmittel, die für uns Menschen nicht nur schmackhaft sondern auch gesund sind, stellen für unsere Hunde eine ernsthafte Gefahr dar. Manchmal führen sie nur zu Durchfall, aber in großen Mengen können sie auch lebensgefährlich werden. Und je kleiner der Hund ist, desto geringer ist auch die Menge die ausreicht, um gesundheitsgefährdend oder gar tödlich zu sein.

ALKOHOL

Schon kleine Mengen Alkohol können zu Erbrechen, Atemnot oder Koordinationsstörungen führen. Achten Sie auch darauf, dass Ihr Hund keine mit Alkohol gefüllten Süßigkeiten ergaunert.

AVOCADO

Das in Avocados enthaltene Persin kann zu Atemnot, Herzmuskelschwäche und Husten führen.

COLA

Die vielen Kalorien sind natürlich schon ungesund, vor allem aber das enthaltene Koffein ist für den Hund gefährlich, denn es erhöht den Blutdruck und verengt die Blutgefäße.

KAFFEE

Zittern, Unruhe, Erbrechen, Durchfall und Krämpfe: Das können Anzeichen für eine Koffeinvergiftung sein (siehe auch Cola). Passen Sie also vor allem dann auf, wenn Sie Ihren Kaffee mit viel Milch trinken, denn dann wird er auch für Ihren Hund attraktiv ...

KERNOBST (KERNE)

Nicht das Obst selbst, sondern die Kerne können gefährlich werden. Nicht nur, weil große Obstkerne im Darm problematisch werden können, sondern vor allem, weil viele Obstkerne Blausäure enthalten. Die aggressive Magensäure des Hundes „knackt" die Kerne und setzt die Blausäure dann frei.

KNOBLAUCH

In geringen Mengen kann Knoblauch durchaus gesundheitsförderlich sein. Große Mengen sind jedoch eine Gefahr für die roten Blutkörperchen des Hundes.

MACADAMIA-NÜSSE

Diese fetthaltigen Nüsse sind leider für den Hund alles andere als gesund und können vor allem für kleine Hunde schnell gefährlich werden. Denn die darin enthaltenen Glykoside können zu Lähmungserscheinungen führen.

ROSINEN

Süß und lecker, aber leider für den Hund ungesund. Durchfall, Erbrechen und Magenschmerzen sind die Folge. Und in großen Mengen können sie sogar tödlich sein.

SCHOKOLADE

Je dunkler die Schokolade ist, desto gefährlicher ist sie. Das liegt an dem Wirkstoff Theobromin. Also unbedingt aufpassen, wenn Sie Schokolade offen auf dem Wohnzimmertisch liegen lassen! Denn eine ganze Tafel kann für einen kleinen Hund schon zur Lebensgefahr werden.

SCHWEINEFLEISCH (ROH)

Rohes Schweinefleisch ist auch in Mett, rohen Bratwürsten oder im Lachsschinken enthalten. Die Gefahr für den Hund stellt das sogenannte Aujeszky-Virus dar, das in Fleisch vorliegen kann. Für den Menschen völlig ungefährlich, führt das Virus bei Hunden zum Tod.

TOMATEN (GRÜNE)

Grüne Tomaten, grüne Paprika und rohe Kartoffeln enthalten Solanin, das zu Durchfall, Krämpfen und im schlimmsten Fall zu Atemnot führen kann.

WEINTRAUBEN

Wie bei Rosinen gilt auch bei der frischen Variante: nicht für Hundemägen geeignet!

ZWIEBELN

Siehe Knoblauch. Vor allem roh sollten Zwiebeln nicht gefüttert werden.

Goldakupunktur

Die Goldakupunktur ist eine besondere Form der Akupunktur und gehört zur traditionellen chinesischen Medizin. Bei der Akupunktur werden kleine, ganz dünne Nadeln in die Haut gestochen, um dort bestimmte Akupunkturpunkte zu stimulieren, die wiederum die Selbstheilungskräfte des Körpers aktivieren – vereinfacht ausgedrückt.

In den 1970er-Jahren begann man, auch Hunde verstärkt mit Akupunktur zu behandeln. Das zeigte auch gute Wirkung, die allerdings nicht dauerhaft anhielt. Immer wieder mussten die Behandlungen wiederholt werden. Und so kamen die Ärzte auf die Idee, die traditionell überlieferten Akupunkturpunkte dauerhaft zu stimulieren, nämlich über die Implantation kleinster Goldstücke. Dadurch wird der Stoffwechsel des erkrankten Gelenks konstant angeregt und der Schmerz in der Folge gelindert.

Wichtig: Die Goldakupunktur lindert den Schmerz, sie heilt nicht die Erkrankung als solche. Ein verknöcherter Wirbel bleibt verknöchert – nur werden die Schmerzen deutlich reduziert.

HILFE BEI GELENKERKRANKUNGEN

Vor allem schmerzhafte Veränderungen der Gelenke beim Hund sprechen sehr gut auf eine Goldakupunktur an. Dazu gehören:

- Spondylose – Verknöcherung der Wirbelsäule
- Hüftgelenksdysplasie – Fehlstellung der Hüfte
- Ellbogendysplasie – Fehlstellung des Ellbogens
- Arthrose – Gelenkverschleiß

Die winzigen Goldstücke werden über eine Hohlnadel in den Körper eingebracht. Dabei handelt es sich um 24-karätige Goldstifte, die einen Durchmesser von nur einem mm haben und etwa 3 mm lang sind. Es kommt darauf an, dass genau die richtigen Akupunkturpunkte „getroffen" werden. Deshalb ist für den Erfolg der Behandlung absolut wichtig, dass der Tierarzt über eine fundierte Ausbildung in Akupunktur und ganzheitlicher Medizin verfügt.

Grannen

Grannen sind Fortsätze verschiedener Gräser und Getreidearten, die eine raue Oberfläche haben und mit kleinen Widerhaken ausgestattet sind. Ihre eigentliche Funktion ist die Verbreitung von Pflanzensamen. Wenn Ihr Hund durch die Wiese oder das Feld streift, bleiben die Grannen am Fell hängen. Durch die Widerhaken ist nur eine Bewegungsrichtung der Grannen möglich, das heißt, dass sich die

Granne bei jeder Bewegung des Hundes ein bisschen weiter vorschiebt. Bleiben die Grannen unbemerkt, können sie je nach Körperregion großen Schaden anrichten. Denn sie können sich unter das Augenlid schieben, durch die Nase hochwandern, zwischen den Zehenballen einwachsen und in den Ohren das Trommelfell verletzen.

Es ist fast unmöglich zu vermeiden, dass der Hund im Sommer Kontakt zu Grannen hat. Selbst in der Stadt wachsen solche Gräser am Straßenrand. Grundsätzlich sollten Sie Ihren Hund nicht über Getreidefelder rennen lassen und ihn nach dem Spaziergang gründlich absuchen, vor allem die Ohren und den Zwischenpfotenbereich.

Bei langhaarigen Hunden sollten Sie überlegen, das Fell an den Ohren und Pfoten zu kürzen. So können sich die Grannen nicht so leicht festsetzen und vor allem werden Sie sie leichter entdecken.

Gras fressen

Es gibt verschiedene Gründe, warum Hunde so gern Gras fressen. Zum einen fressen sie die Halme häufig dann, wenn sie unter Bauchschmerzen leiden. Man kann dann beobachten, dass sie wie verrückt zum Gras eilen, ein paar Halme fressen und sich dann meist übergeben. Danach ist der Spuk vorbei. Ein zweiter Grund ist, dass vor allem Süßgräser den Hunden gut schmecken. Das erkennen Sie daran, dass der Hund dann nicht einfach irgendein „Grünzeug" frisst, sondern ganz explizit einzelne Halme auswählt.

Gegen ein paar Halme ist also nichts einzuwenden. Trotzdem gibt es ein paar Punkte, die Sie beachten sollten:

ACHTEN SIE AUF DIESE TIPPS, WENN IHR HUND HÄUFIG GRAS FRISST

- Lassen Sie Ihren Hund nicht auf frisch gespritzten Feldern Gras fressen. Das ist nicht nur ungesund, sondern kann auch zu ernsthaften Vergiftungen führen.
- Achten Sie darauf, dass das Grasfressen nicht überhandnimmt. Denn sonst kann sich im Darm ein schwer verdaubarer Ball aus den Halmen bilden.
- Oft werden die Halme mit dem Kot im Ganzen wieder ausgeschieden. Das führt dazu, dass der Kot herausgedrückt wurde, aber ein Teil des Grases noch im Darm hängt und ein Halm aus dem After herausschaut. Auf keinen Fall sollten Sie nun den Halm einfach herausziehen, denn damit könnten Sie im Darm feine Schnittverletzungen produzieren. Warten Sie lieber noch einen kurzen Moment ab, oft kommt er mit einem weiteren Schwung Kot doch noch heraus.
- Geschieht das nicht, können Sie ganz vorsichtig versuchen, das Ende mit einem Stück Papier zu greifen und sehr, sehr vorsichtig und langsam daran ziehen! Spüren Sie einen Widerstand, weil

der Halm noch zu weit im Darm steckt, lassen Sie es lieber sein oder zwacken Sie nur das heraushängende Stück ab.

Frisst Ihr Hund Gras und erbricht sich dann regelmäßig, sollten Sie Ihren Tierarzt aufsuchen und abklären lassen, ob es für dieses Verhalten eine gesundheitliche Erklärung gibt, wie etwa eine Magenentzündung.

-H-

VON HAFTPFLICHTVERSICHERUNG BIS HUNDESEUCHE

Haftpflichtversicherung

Eine gute Haftpflichtversicherung ist absolut unerlässlich, denn schnell kann Ihr Hund einen Schaden anrichten, der hohe Folgekosten verursacht. Stellen Sie sich etwa vor, er rennt vor ein Fahrrad und der Radfahrer ist durch die Folgen des Sturzes anschließend berufsunfähig! Damit Sie im Ernstfall auf der sicheren Seite stehen, sollten Sie darauf achten, dass die folgenden Schäden über die Versicherung abgedeckt sind. Und zwar auch dann, wenn Ihr Hund nicht angeleint ist!

PERSONENSCHÄDEN

Dies sind Schäden, die jemand körperlich davonträgt. Das kann durch eine Bissverletzung geschehen, aber vor allem als Folge eines Unfalls. Kritisch werden Personenschäden, bei denen eventuell lange Krankenhausaufenthalte, Therapien oder auch lebenslange Renten gezahlt werden müssen. Daher sollten Sie unbedingt auf eine hohe Mindestversicherungssumme achten. 5 Millionen Euro bei Personenschäden sollten unbedingt abgedeckt sein.

SACHSCHÄDEN

Darunter versteht man Schäden an einer Sache oder einem Gegenstand, also wenn Ihr Hund das Sofa des Nachbarn zerbeißt oder wenn er einen Autofahrer dazu zwingt, eine Vollbremsung einzulegen und es dadurch zu einem Auffahrunfall kommt.

VERMÖGENSSCHÄDEN

Vermögensschäden bedeuten finanzielle Verluste, die anschließend auftreten. Etwa wenn Ihr Hund einen Lkw von der Fahrbahn abgebracht hat und die Firma dadurch verderbliche Ware nicht rechtzeitig ausliefern konnte.

Hakenwürmer

Hakenwürmer leben im Dünndarm des Hundes und besitzen eine große Mundöffnung. Damit heften sie sich an die Darmschleimhaut und saugen Blut. Dadurch wird die Schleimhaut beschädigt und es kommt beim Hund zu leicht blutigem Durchfall. Ist der Hund stark befallen, kann es sogar zu einer Blutarmut kommen.

Der Hund scheidet die Eier der Würmer mit dem Kot aus. Draußen durchlebt die Larve drei Stadien und kann dann wieder einen Hund infizieren, und zwar:

- durch eine direkte Aufnahme über das Maul oder
- das Fressen von Nagetieren, die mit den Larven befallen sind, sowie
- in seltenen Fällen über die Haut, durch die sich die Larve bohrt und sich ihren Weg bis in den Darm sucht.

Medikamente, die Würmer abtöten, sind entweder als Paste, Tabletten oder Spot-on beim Tierarzt erhältlich.

HD
(» Hüftdysplasie)

Hepatitis (HCC)
(» Impfung)

Hepatitis contagiosa canis (HCC) wird durch ein Virus (Adenovirus) verursacht und zeigt sich als ansteckende Leberentzündung. Durch die gute Durchimpfung ist die Krankheit in Deutschland so gut wie ausgemerzt, in vielen Ländern Osteuropas aber durchaus noch Thema. Über den Urin und Kot wird das Virus ausgeschieden und die Übertragung erfolgt direkt oder indirekt. Im Verlauf der Erkrankung kommt es zur Leberschädigung durch Gelbsucht, zu Durchfall und selten auch zu einer Gehirnhautentzündung. Nach überstandener Infektion wird das Virus noch monatelang über den Urin ausgeschieden.

Herbstgrasmilben

Leidet Ihr Hund unter starkem Juckreiz, der vor allem im Sommer bzw. Spätsommer auftritt, oder schüttelt er ständig den Kopf, weil es in den Ohren juckt, dann sollten Sie an Herbstgrasmilben denken. Denn diese lieben Körperstellen mit dünner Haut und befallen daher mit Vorliebe:

SYMPTOME FÜR HERBSTGRASMILBEN

- Zwischenzehenhaut und Ellenbogenbeuge
- Ohren, Augenlid, Nasenwurzel
- Bauch und After

Typisch sind kleine, stark juckende Bereiche, die oft krustig überwachsen sind. Manchmal lassen sich winzige orangefarbige Pünktchen erkennen – dies sind die Larven.

Herbstgrasmilben sind vor allem auf Wiesen anzutreffen, auf denen sich regelmäßig Tiere aufhalten: Kuh-, Pferde- oder auch Hundewiesen.

Ist Ihr Hund von den lästigen Milben befallen, hilft ein Anti-Parasiten-Shampoo. Damit waschen Sie die Larven aus dem Fell und mithilfe einer repellierenden, also abwehrenden Wirkung wird ein Neubefall eine Weile herausgezögert. Als Vorsorgeschutz können Sie auch ein Spray einsetzen: Der natürliche Wirkstoff Geraniol hält allerlei Parasiten fern.

Tipp: Nach dem Spaziergang hilft ein Fußbad gegen Milben und den Juckreiz. Dazu einen EL Apfelessig in ½ Liter Wasser geben und die Pfoten damit sauber spülen.

Herzerkrankung

Im Anfangsstadium einer Herzerkrankung liegen selten Symptome vor. Erst mit fortschreitender Erkrankung bemerkt der Hundehalter eine generelle Leistungsminderung, häufige Atembeschwerden und Müdigkeit, die besonders dann auftritt, wenn sich der Hund angestrengt hat.

Vorweg muss gesagt werden: Grundsätzlich ist eine Herzerkrankung nicht heilbar. Je nach Erkrankungsstadium, allgemeinem Gesundheitszustand und konsequenter Therapie kann ein erkrankter Hund aber noch einige gute und aktive Jahre vor sich haben.

Die Mitralklappenendokardiose ist ein fortschreitender Prozess, bei dem die Zellen, die für die Herzklappenstruktur und -funktionsfähigkeit verantwortlich sind, geschädigt werden. Es entstehen knotige Auftreibungen an der linken Herzklappe, sodass sie nicht mehr richtig schließen kann. Das hat zur Folge, dass ein Teil des Blutes, das sich in der linken Herzkammer befindet, nun in die falsche Richtung zurück zum linken Vorhof strömt. Bei jedem Herzschlag kommt es nun zu einem Rückstau des Blutes über den linken Vorhof in die Lunge. Das führt letztendlich zu einem Lungenödem – und dem typischen Husten (umgangssprachlich „Herzhusten"). Eine Herzinsuffizienz ist entstanden.

Damit weiterhin ausreichend Blut in den Kreislauf gerät, erhöht das Herz seine Schlagfrequenz. Gleichzeitig verengen sich die Blutgefäße in den weniger wichtigen Geweben, damit die Blutversorgung der lebenswichtigen Organe wie Gehirn, Nieren und des Herzens selbst gewährleistet ist. Außerdem versucht der Körper, das Blutvolumen zu erhö-

hen, indem er die Ausscheidung von Salzen und Wasser über die Nieren verringert.

Dies alles führt zu einem höheren Blutdruck, wodurch das geschwächte Herz zusätzlich belastet wird. In der Folge weitet sich die linke Herzkammer, ohne dass die Herzkranzgefäße mitwachsen können, und es kommt zur Unterversorgung des Herzmuskels – ein gefährlicher Teufelskreis beginnt.

BEHANDLUNG:

Es gibt verschiedene Medikamente auf dem Markt, die bei entsprechender Erkrankung ein Hundeleben lang gegeben werden müssen. Je nach Erkrankungsgrad setzt der Tierarzt verschiedene Medikamente ein, vornehmlich Entwässerungsmedikamente (Diuretika) sowie blutdrucksenkende Substanzen wie ACE-Hemmer und Wirkstoffe, die die Leistungskraft des Herzmuskels unterstützen.

BEWEGUNG:

Auch ein Herzpatient darf sich weiterhin bewegen, aber die Aktivitäten müssen dem jeweiligen Gesundheitszustand angepasst werden. Auf übermäßige Arbeit und rasante Sportarten wie Agility sollte verzichtet werden. Ausgiebiges Spazierengehen und Spielen mit anderen Hunden sind aber nach wie vor erlaubt, denn sie sind für die Erhaltung der Lebensqualität wichtig. Lange Spaziergänge oder das gemächliche Trotten neben einem Fahrrad schaden einem Hund im Anfangsstadium einer Herzerkrankung in der Regel nicht. Wichtig ist allerdings, dass der Besitzer Ermüdungs- bzw. Überhitzungsanzeichen sofort erkennt und eine Pause einlegt.

Hitzschlag

Dass ein Hund überhitzt ist, erkennen Sie zunächst am übermäßig starken Hecheln. Hat er sich doch einmal in der Mittagshitze zu viel zugemutet, dann

- holen Sie Ihren Hund unbedingt sofort in den Schatten,
- lassen Sie ihn trinken und
- kühlen Sie den Körper mit feuchten Handtüchern.

1. HILFE BEI EINEM HITZSCHLAG

So sollte er sich relativ schnell erholen.

Ernst ist die Lage, wenn zum Hecheln noch Speicheln, Taumeln und ein Schwächeanfall mit Bewusstseinsstörungen hinzukommen. Ab einer Körpertemperatur von mehr als 40°C besteht Lebensgefahr, denn nun werden die Organe, das Blut und die Nervensysteme ernsthaft geschädigt.

Bringen Sie auch in diesem Fall das Tier so schnell wie möglich in den Schatten, kühlen Sie mit nassen Tüchern und flößen Sie ihm Wasser ein. **Wichtig:** Nehmen Sie kein Eis und keine Kälteakkus aus der Tiefkühltruhe. Der Temperaturunterschied ist zu groß und belastet den Kreislauf zusätzlich. Fahren Sie jeden Hund mit einem ernsten Hitzschlag zum Tierarzt! Auch wenn Sie das Gefühl haben, dass sich die Körpertemperatur wieder normalisiert hat: Die Schädigung, die die Hitze im Körper angerichtet hat, läuft im Verborgenen weiter und muss medizinisch behandelt werden.

Hodenhochstand
(» Kryptorchismus)

Hüftdysplasie (HD)

Bei diesem Krankheitsbild ist die Entwicklung des Hüftgelenkes gestört. Das bedeutet, dass der Kopf des Oberschenkelknochens nicht ausreichend tief in der Hüftpfanne sitzt und locker ist. Dadurch renkt sich das Hüftgelenk teilweise oder komplett aus. Durch die fehlerhafte Passform kommt es zur Reibung des Gelenks an Knorpel und Knochen. Die Folge davon ist eine Arthrose, ein sogenannter Gelenkverschleiß. Die betroffenen Hunde

- zeigen weniger Bewegungsfreude,
- haben Schwierigkeiten aufzustehen,
- haben einen wackelig wirkenden Gang.

Bestimmte Rassen zeigen ein erhöhtes Risiko, an der Hüftdysplasie zu erkranken. Besonders anfällig sind vor allem große Hunderassen wie Deutscher Schäferhund, Berner Sennenhund, Golden Retriever, Labrador Retriever, Rottweiler und Boxer.

Grundsätzlich können alle Hunde daran erkranken, doch erhöht sich das Risiko deutlich, wenn große Rassen während ihrer Wachstumsphase mit sehr energiereichem Futter und Vitamin-C-, Vitamin-D- oder Kalziumzusätzen gefüttert wurden. Auch eine zu starke Belastung des sehr jungen Hundes begünstigt das Auftreten der HD.

Grundsätzlich ist ein Hund von Natur aus so gebaut, dass er aus der Hinterhand seinen Schubschwung und Kraft holt. Ist dieser natürliche Bewegungsablauf beispielsweise durch eine HD nicht mehr möglich, verlagert der Hund seinen Schwerpunkt nach vorn und mehr Gewicht lastet auf den Vorderbeinen. Die Schultern und Ellbogen sind dafür

aber anatomisch nicht geschaffen und werden nun überlastet, sodass sich hier eine Arthrose bildet. Ein Teufelskreis entsteht und bald kann der Hund sich gar nicht mehr schmerzfrei bewegen. Manchmal knacken die Gelenke regelrecht und die Hunde haben starke Schmerzen. Bestehen die Schmerzen schon länger, bauen sich die Muskeln an den Hinterbeinen sichtbar ab.

Hüftdysplasie kann nicht geheilt werden, aber Tierärzte können die klinischen Symptome und das Voranschreiten der Erkrankung herauszögern und die Schmerzen reduzieren. Wichtig ist, dem Hund die Schmerzen zu nehmen, denn ein Hund, der Schmerzen hat, bewegt sich wenig. Dadurch nimmt der Hund jedoch an Gewicht zu und baut gleichzeitig Muskeln ab. Dieser Prozess belastet das Gelenk dann zusätzlich. Daher steht die Schmerzbehandlung an erster Stelle im Kampf gegen die HD.

CHIRURGISCHE METHODEN DIE SCHMERZEN ZU LINDERN

Es stehen natürlich einige **chirurgische Methoden** zur Verfügung, die Schmerzen des Gelenks zu mildern.

- Dazu wird beispielsweise ein Muskel im Hüftbereich durchtrennt, sodass sich das Gelenk besser schließen kann. Oder es werden die Nervenfasern gekappt, die den Schmerz aus der Hüfte weiterleiten.
- Natürlich kann man auch ein künstliches Hüftgelenk einsetzen oder die Knochen der Hüfte

neu zusammensetzen. Doch diese Operationen sind nicht nur kostspielig, sondern auch sehr aufwendig.

Bei einer HD ist die Physiotherapie besonders wichtig. Zum einen direkt nach einer Operation, aber auch als Vorsorgemaßnahme: Eine gut trainierte Muskulatur unterstützt die Gelenke, denn diese werden dann von den Muskeln entlastet. Gut geeignet ist z. B. Schwimmen oder das Training mit einem Unterwasserlaufband, denn dabei werden die Gelenke schonend bewegt.

Auch über die Ernährung bzw. über Futterzusätze können Sie Ihren Hund bei einer Hüftdysplasie unterstützen: Hier sind vor allem Omega-3-Fettsäuren, Glykosaminoglykane oder Extrakte aus der Grünlippmuschel zu nennen.

Wichtig: Vermeiden Sie auf jeden Fall Stauungen und ein Überdehnen des Hüftgelenks wie zum Beispiel beim Treppenauf- und absteigen und Springen! Leidet Ihr Hund unter Hüftdysplasie, dann soll er sich viel bewegen, aber auf keinen Fall unkontrolliert toben, springen oder raufen.

Hundebandwurm

Der Hundebandwurm ist zum Glück in Deutschland weniger verbreitet. Ihr Hund kann sich durch die Fütterung von rohem Fleisch, das Zwischenstadien des Bandwurms (sogenannte Finnen) enthält, anstecken. Diese Finnen sind insbesondere in Innereien wie Leber oder Lunge zu finden. Wenn Sie Ihren Hund barfen, sollten Sie hier also besondere Vorsicht walten lassen.

Der Fuchs- sowie der Hundebandwurm können für den Menschen lebensgefährlich sein: Im Falle einer (sehr seltenen!) Ansteckung kommt es zu einer Zystenbildung in der Leber und anderen Organen, die unbehandelt tödlich verläuft. Meist infiziert sich der Mensch über Wurmeier, die die Tiere im Fell tragen oder mit dem Kot ausscheiden.

Hundebett

3 WICHTIGE KRITERIEN FÜR DIE AUSWAHL DES RICHTIGEN HUNDEBETTES

Ein gutes Hundebett lohnt sich, denn es beugt zahlreichen Erkrankungen vor. Darauf sollten Sie beim Kauf einer Schlafstätte für Ihren Hund achten:

1. ACHTEN SIE AUF DIE RICHTIGE GRÖSSE

Eingerollt zu einer kleinen Schnecke – so können sich viele Hunde vor allem im Alter nicht mehr hinlegen, sondern sie brauchen ausreichend Platz, um die optimale Schlafposition über einen längeren Zeitraum halten zu können. Wählen Sie das Hundebett daher großzügig: Am besten messen Sie die Länge Ihres Hundes von der Nasenspitze bis zum Anfang des Schwanzes und dann noch mal von der Schulter bis zu den Pfoten – und geben noch 10 cm hinzu. So breit

und lang sollte Ihr Hundebett ungefähr sein. Dann kann Ihr Hund auch mit beginnender Spondylose bequem schlafen.

2. WÄHLEN SIE EINE FÜLLUNG, DIE HALT GIBT

Im Alter leiden viele Hunde unter Arthrose in den Gelenken oder unter Spondylose in der Wirbelsäule. Das sind, einfach ausgedrückt, Verknöcherungen. Die Gelenke sind dann nicht mehr so beweglich bzw. die Wirbelsäule ist nicht mehr geschmeidig, sodass Bewegungen schmerzen und sich der Hund vor allem nach einer längeren Ruhephase nur steif bewegen kann. Auch kann die Arthrose dazu führen, dass sich beispielsweise an den Gelenken verknöcherte Knubbel bilden. Liegt der Hund dann mit seinem ganzen Gewicht auf diesen knochigen Zubildungen, entstehen dort besonders schnell Liegeschwielen. Das bedeutet, dass an diesen Hautstellen durch ständigen Druck die Haut das Fell verliert und durch die schlechte Durchblutung dieser Stellen sich die Haut verfestigt. Bakterien haben dann leichtes Spiel, sich an diesen Hautstellen anzusiedeln und Entzündungen hervorzurufen.

Es gibt zahlreiche Hundebettchen und -decken, die wunderbar kuschelig aussehen. Doch leider halten sie nicht, was sie versprechen, denn die Füllung besteht meist aus Schaumstoffflocken. Und die weichen unter Druck zur Seite weg. Das bedeutet, dass genau da, wo sich die Druckspitzen befinden, das meiste Gewicht lastet, Ihr Hund fast auf dem Boden liegt – ohne jegliche weiche Unterlage.

Eine Matratze aus Memoryschaum oder hochwertigem Schaumstoff hingegen nimmt den Druck, der vom Hundekörper ausgeht, gleichmäßig auf. Dabei bleibt sie formstabil und fest. So werden die Gelenke entlastet und es fällt Ihrem Hund leichter sich auf der Matratze zu bewegen, weil sie auch dann, wenn er darauf steht oder läuft, nur leicht einsinkt.

3. DENKEN SIE AN DIE HYGIENE

Bei einem neuen Hundebett für Ihren Senior sollten Sie auf jeden Fall darauf achten, dass die Oberfläche leicht zu reinigen ist. Denn irgendwann werden vielleicht ein paar Urintropfen im Schlaf abgegeben und dann sind Sie froh, wenn Sie nicht das ganze Kissen in die Waschmaschine stecken müssen.

Hundemalaria

(» Babesiose)

Hundemantel

Ob Ihr Hund in der kalten Jahreszeit schnell friert und dann einen Hundemantel braucht, hängt von verschiedenen Dingen ab. Nämlich davon, welches Fell er hat, wie aktiv und wie alt er ist. Wichtig ist, dass Sie Ihren Hund nicht „vermenschlichen", denn Hunde frieren nicht so schnell wie wir Menschen. Aber wenn Sie sehen, dass Ihr Welpe, Ihr inaktiver Senior oder Ihr kurzfelliger Staffordshire Terrier vor Kälte zittern, hilft ein gut sitzender Hundemantel.

- Der Hundemantel soll im Winter vor allem winddicht, wasserdicht, atmungsaktiv und waschbar sein. Am besten sind ein wärmendes Futter und eine Außenfläche aus Goretex oder einem ähnlichen Material. Achten Sie auch darauf, dass der Mantel nicht zu starr ist und dass er nicht raschelt, wenn Ihr Hund sich bewegt. Pullover aus Fleece oder Wolle sind nicht zu empfehlen, denn sie werden bei Schnee und Regen nass und dann kühlt Ihr Hund erst recht aus.
- Die Passform ist wichtig, denn es darf nichts scheuern oder Ihren Hund behindern oder ihn in seiner Bewegung einschränken. Der Bauch des Hundes sollte bei einem Wintermantel bedeckt sein und achten Sie beim Rüden darauf, dass der Penis nicht verdeckt ist!
- Klettverschlüsse und Druckknöpfe sind leicht anzulegen. Bei Reißverschlüssen besteht die Gefahr, die Hundehaut oder langes Fell einzuklemmen.

- Eine Kapuze ist nicht nötig und behindert Ihren Hund zudem nur: Er muss ungestört hören und sehen können! Auch die Körpersprache Ihres Hundes wird durch eine Kapuze eingeschränkt, sodass es zu bösen Auseinandersetzungen mit Artgenossen kommen kann.

Hundepension

Wenn Sie eine Hundepension suchen, wollen Sie Ihren Vierbeiner dort während Ihrer Abwesenheit in besten Händen wissen. Denn nur so können Sie entspannt in den Urlaub fahren – wenn es doch mal Ferien ohne Hund sein sollen.

IST DIESE HUNDEPENSION DIE RICHTIGE FÜR MEINEN HUND?

DARAUF MÜSSEN SIE ACHTEN:

- Sind die Räumlichkeiten hell und sauber?
- Werden die Hunde täglich ausgeführt oder auf ein Freilaufgelände gelassen, um dort zu toben?
- Ist das Personal geschult, sind ausgebildete Hundepfleger vor Ort?
- Ist auch nachts die Hundepension betreut?
- Werden bei Bedarf Medikamente verabreicht?
- Wird dem Hund das gewohnte Futter gefüttert?
- Wie ist die Hundepension versichert?
- Können sich die Hunde aus dem Weg gehen und sich zurückziehen, wenn es ihnen zu viel wird?

Hundeschule

Damit Sie sich – und vor allem auch Ihr Hund – in einer Hundeschule gut aufgehoben fühlen, sollten Sie so viele Informationen wie möglich zusammentragen. Dazu nehmen Sie am besten an einer Probestunde teil, damit Sie sich ein Bild machen können:

- Wie groß sind die Trainingsgruppen? Die Gruppen dürfen vor allem in Welpenkursen nicht zu groß sein, aber auch bei erwachsenen Hunden sind 6 Mensch-Hund-Paare eine gut überschaubare Größe.
- Wie ist der Umgangston? Damit ist nicht nur gemeint, wie der Hundetrainer mit den Tieren und Menschen umgeht, sondern auch wie die anderen Teilnehmer untereinander und mit ihren Hunden kommunizieren. Denken Sie daran: Sie und Ihr Hund wollen hier lernen – da sollte die Lernumgebung so motivierend wie möglich sein.
- Werden auch schwächere Kursteilnehmer gefördert? Wird das Trainingsniveau angepasst?
- Ist das Training abwechslungsreich? Kurze Lerneinheiten, dann eine Pause, um das Neue „sacken" zu lassen, Abwechslung und auch hin und wieder Einheiten außerhalb des Trainingsgeländers sind optimal.
- Erklärt der Trainer die theoretischen Hintergründe? Macht er auch zwischendurch die Teilnehmer auf interessante Aspekte aufmerksam, auf

Imponierverhalten, Markieren, Unterwerfen, das die Hunde gerade zeigen? Viel lernt man nämlich in der Hundeschule auch dadurch, dass der Trainer das Verhalten und die Kommunikation der Hunde untereinander erklärt.

- Hat der Trainer die Gruppe im Griff? Schreitet er ein, wenn unter den Hunden zu viel gerauft wird? Sieht er rechtzeitig, wenn eine Hundebegegnung eskalieren könnte?
- Werden Alternativen angeboten, wenn etwas nicht klappt? Manche Hunde reagieren zum Beispiel gar nicht auf Leckerchen als Motivation – fällt dem Trainer dann eine andere Möglichkeit ein?
- Und das Allerwichtigste: Ist Ihnen der Trainer sympathisch? Sie werden vielleicht überrascht sein, aber dieser Punkt ist nicht zu unterschätzen. Denn Ihr Hundetrainer ist eine Person, der Sie vertrauen müssen, von der Sie sich etwas sagen lassen müssen, die Ihnen Ihre Fehler aufzeigt und die Ihnen manchmal komplizierte Sachverhalte und Zusammenhänge erklären muss. Je offener und positiver Sie diesem Menschen gegenüber eingestellt sind, desto höher sind die Chancen, dass Sie und vor allem Ihr Hund hier wirklich etwas lernen.

Hundeseuche

(» Parvovirose)

-I-

VON IMPFUNG BIS INSEKTENSTICH

Impfausweis

Die Impfungen, die Ihr Hund beim Tierarzt verabreicht bekommt, werden vom Arzt in einen Impfausweis eingetragen. Hier können Sie auch ablesen, wann es wieder Zeit für eine Auffrischung der Impfung ist. Geht es mit Ihrem Hund auf eine Urlaubsreise ins Ausland, reicht der normale Impfausweis nicht aus. Bitten Sie Ihren Tierarzt um die Ausstellung eines blauen EU-Ausweises. Dort werden die vorgeschriebenen Impfungen und auch die Mikrochip-Nummer eingetragen. Erst dann können Sie offiziell mit Ihrem Hund ins europäische Ausland reisen.

Impfung

Dass viele Erkrankungen wie Staupe, Tollwut etc. heute in Deutschland kaum noch eine Rolle spielen liegt daran, dass die meisten Tiere regelmäßig geimpft werden und sich die Gefahr einer Ansteckung damit minimiert. Wichtig beim Thema Impfung ist eine umfassende Grundimmunisierung für alle Welpen und die regelmäßige, aber nicht zwangsläufig jährliche Wiederholungsimpfung nach dem zweiten Lebensjahr gegen die für den jeweiligen Hund relevanten Erreger.

Unter den Core-Komponenten versteht man Erreger, gegen die jedes Tier zu jeder Zeit geschützt sein muss, weil diese Erreger entweder den Tierbesitzer gefährden (Zoonose) oder bei Tieren lebensgefährliche Krankheiten verursachen. Dazu gehören Hepatitis contagiosa canis (HCC), Leptospirose, Parvovirose, Staupe und Tollwut.

Im Gegensatz dazu umfassen Non-Core-Komponenten Krankheitserreger, denen nicht alle Hunde ausgesetzt sind und die damit nicht für jeden Hund relevant sind. Dazu gehören Zwingerhusten, oft in Kombination mit caninem Parainfluenzavirus (CPiV) und das canine Herpesvirus (CHV-1), das für Fruchtbarkeitsstörungen verantwortlich ist. Außerdem gibt es Impfungen gegen Hautpilze wie Dermatophytose, Mikrosporie oder Trichophytie. Zu erwähnen wäre noch die Möglichkeit der Impfung gegen Leishmaniose. Diese ist sinnvoll für Tiere, die in Gebieten leben, wo der Überträger (Sandmücke) vorkommt, allerdings kann eine Infektion nicht sicher durch eine Impfung verhindert werden. Zu guter Letzt ist noch die sich durch Zecken übertragende Borreliose zu nennen. Auch hier ist ein 100%iger Schutz leider nicht gegeben.

Inhaltsstoffe
(» Deklaration)

Insektenstich

Ein Insektenstich im Mund- und Rachenraum Ihres Hundes kann schnell lebensbedrohlich werden. Der Stich schwillt an und das auch, ohne dass Ihr Hund allergisch darauf reagiert. **Die Folge:** Die Atemwege werden verengt und Ihr Vierbeiner bekommt keine Luft mehr. Im Falle eines Schocks droht sogar akutes Herz-Kreislauf-Versagen, auch hier ist das Leben Ihres Hundes in massiver Gefahr! Aber auch im Gesichtsbereich und am restlichen Körper sind Insektenstiche schmerzhaft und rufen starke Schwellungen hervor. Halten Sie zu Hause für den Fall der Fälle immer einen Eiswürfel oder eine Kühlkompresse parat. Für den Gassigang empfehlen wir eine sogenannte Knickeiskompresse, die Sie für wenige Euros in Ihrer Apotheke bekommen. Durch Knicken setzen Sie eine chemische Reaktion in Gang und die Kompresse wird kalt.

SO REAGIEREN SIE BEI INSEKTENSTICHEN

- Kühlen Sie die Einstichstelle.
- Befindet sich der Stich im Mundraum, können Sie das Eis oder die Kompresse in den Nacken Ihres Hundes legen.
- Dadurch kühlen Sie das Blut und drosseln die Blutzufuhr, die Schwellung wird nicht so schnell größer!
- Bei starker Schwellung oder Atemnot suchen Sie sofort Ihren Tierarzt auf!

-K-

VON KNOCHENBRÜCHE BIS KRYPTORCHISMUS

Knochenbrüche

Für eine erfolgreiche Heilung ist die Ruhigstellung eines Bruchs unerlässlich. Denn wenn sich die Bruchstücke gegeneinander bewegen, können die Knochenenden nicht zusammenwachsen. Oft ist daher eine Ruhigstellung mittels eines Verbandes oder einer Operation notwendig.

Bei der chirurgischen Frakturversorgung (Osteosynthese) werden die Bruchstücke mithilfe von Implantaten aus Metall miteinander verbunden. Beim Hund werden meistens Stahlimplantate benutzt. Mittlerweile erfreut sich allerdings auch Titan wachsender Beliebtheit.

Im Falle eines Einsatzes von Metallplatten stellt diese für die Dauer der Knochenheilung den Kraftträger dar. Mithilfe von Schrauben wird die Platte am Knochen befestigt.

Bei Trümmerfrakturen mit sehr vielen, zum Teil sehr kleinen Knochenfragmenten wird die Abstützplatte eingesetzt. Diese Platte bewirkt, dass die Knochenachse und Knochenlänge sowie die Gelenkrichtung richtig ausgerichtet sind. Die kleinen Knochenstücke heilen mittels Kallusbildung aneinander.

Eine andere Möglichkeit ist das Anbringen des Fixateur externe. Der Chirurg bohrt dabei Bohrdrähte durch die Haut in den Knochen und verbindet diese Drähte außerhalb des Körpers stabil miteinander. Der Vorteil ist, dass der Operationsbereich gar nicht erst eröffnet werden muss und daher die Infektionsgefahr geringer ist. Der größere Pflegeaufwand und die Gefahr, dass der Hund den Fixateur beschädigt (sehr selten), können jedoch ein Nachteil sein.

BRUCH IST NICHT GLEICH BRUCH:

ES GIBT VERSCHIEDENE ARTEN VON KNOCHENBRÜCHEN

- Frakturen mit einer einzigen Bruchstelle werden als einfache Brüche bezeichnet.
- Liegen mehrere Bruchstellen innerhalb eines Knochens vor, spricht man von komplexen Frakturen.
- Je nach Verlauf der Bruchlinie unterteilt man in Quer-, Schräg- oder Spiralfrakturen.
- Liegt eine tiefe Verletzung der Haut vor, sodass man direkt auf den Knochen schauen kann, ist das ein offener Bruch. Hierbei ist die Gefahr der Wundinfektion besonders groß und der Bruch muss schnellstens behandelt werden.
- Bei sehr jungen Tieren kann es sogenannte Grünholzfrakturen geben. Dabei ist die Knochenhaut intakt, obwohl der Knochen auf einer Seite gebrochen ist.
- Bei einer Fissur (Haarriss) sind im Knochen keine Brüche, sondern feine Risse entstanden.

Knochen fressen

Hunde fressen Knochen, oder? Nein, besser ist es, Sie verabschieden sich von dieser Vorstellung. Denn vor allem Geflügelknochen und die Knochen von Kaninchen oder anderen Kleintieren splittern schnell in kleine spitze Teilstückchen. Diese können Ihren Hund an der Speiseröhre empfindlich verletzen. Grundsätzlich sind gekochte Knochen porös und splittern schnell.

Haben Sie einen Hund der besonders gierig frisst oder alles gleich unzerkaut runterschluckt aus Angst, ein Artgenosse könnte es ihm wegnehmen? Dann haben Sie gleich das nächste Problem, denn große Knochenstücke können im Hals stecken bleiben oder zu einem Darmverschluss führen. Nur wenn Sie großes Glück haben, würgt Ihr Hund das Knochenstück nach einiger Zeit wieder hoch.

Und zu guter Letzt: Knochen machen den Kot Ihres Hundes sehr, sehr fest. Der Haufen fühlt sich an, als wären es kleine Steine, die hinten aus dem Hund herausgepurzelt kommen. Dieser Knochenkot kann zu fiesen Bauchschmerzen führen, denn normalerweise ist Hundekot sehr weich. Harter Kot bereitet Schmerzen, die nicht sein müssen. Und wenn es ganz dumm läuft, muss der Tierarzt operativ nachhelfen!

Krematorium

(» Tierbestattung)

Kryptorchismus (Hodenhochstand)

Beim männlichen Embryo liegen die Hoden im Bauchraum, in der Gegend der Nieren. Bereits vor der Geburt beginnt der Hodenabstieg. Die Hoden sind zu diesem Zeitpunkt durch das Hodenleitband mit dem Hodensack verbunden. Männliche Geschlechtshormone sorgen dafür, dass sich dieses Band verkürzt und die Hoden somit gezielt Richtung Hodensack gezogen werden. In der letzten Trächtigkeitswoche sollten die Hoden bereits im Leistenkanal angekommen sein. Ist der Welpe 6 bis 10 Wochen alt, sollten die Hoden normalerweise ihren vorgesehenen Platz, den Hodensack, erreicht haben. Mit dem 6. Lebensmonat verschließt sich der Leistenkanal dann vollständig, sodass die Hoden dann auch nicht mehr weiter absteigen könnten.

- Verbleibt ein oder beide Hoden in der Bauchhöhle, spricht man von einem vollständigen Kryptorchismus. In diesem Falle ist der Hodenabstieg überhaupt nicht eingeleitet worden.
- Bleibt der Hoden in der Leistengegend liegen, wird das als unvollständiger Hodenabstieg bezeichnet.
- Eine Sonderstellung nimmt der sogenannte Gleithoden ein. Hierbei liegt der Hoden zwar im Eingangsbereich des Hodensackes und kann manuell herabgezogen werden, verbleibt aber nicht von selbst im Hodensack.

Die Gewebe im Hoden reagieren sehr empfindlich auf zu hohe Temperaturen. Da es im Bauchraum wärmer ist als im Hodensack, können sich schnell Tumore bilden. Diese sind zwar oft als gutartig einzuordnen, können aber jederzeit bösartig entarten. Ebenfalls problematisch ist die Tatsache, dass der gesunde Hoden neben seiner Aufgabe der Spermienproduktion einen Großteil des männlichen Geschlechtshormons Testosteron produziert. Hoden, die nicht in den Hodensack abgewandert sind, produzieren in vielen Fällen ein dem weiblichen Hormon (Östrogen) verwandtes Hormon. **Und das löst ein Chaos im männlichen Organismus aus:** Haut und Bindegewebe sind verändert und auch das Verhalten des Tieres ist auffällig, denn die Geschlechtshormone sind an vielen Entwicklungsprozessen im Gehirn und Verhalten beteiligt. Ein Rüde, der während seiner Pubertät einem erhöhten Östrogenspiegel ausgesetzt ist, ist anfälliger für Stress, Angst, Unsicherheit und Ähnliches. Aus diesen Gründen ist es sinnvoll, den Hodenhochstand möglichst frühzeitig operativ zu beheben.

-L-

VON LEINENAGGRESSION BIS LEPTOSPIROSE

Leinenaggression

Angeleint zu sein bedeutet für Ihren Hund, einer Situation ausgeliefert zu sein. Er hat keine Chance, sich einer unangenehmen Situation durch Flucht zu entziehen. Das kann einen sensiblen Hund verunsichern. Kommt ihm ein Artgenosse entgegen, der ihm unheimlich erscheint, gibt es keine Fluchtmöglichkeit – und dann scheint Angriff oft die beste Verteidigung zu sein.

Hinzu kommt, dass die Kommunikation zwischen angeleinten Hunden gestört ist. Zu einer normalen hündischen Begrüßungszeremonie gehört, dass die Hunde sich umkreisen, aneinander schnuppern, eventuell legt sich einer unterwürfig hin oder nacheinander wird an einen Busch markiert etc. Alles das ist an der Leine nicht möglich. Mindestens ein Hund zeigt also nicht das Verhalten, das eine Situation ganz natürlich entschärfen könnte – und schon „knallt" es.

Leptospirose

(» Impfung)

Leptospirose (L), umgangssprachlich auch „Stuttgarter Hundeseuche" oder „Weil'sche Krankheit" genannt, wird durch Bakterien (Leptospiren) verursacht. Es sind über 250 Untergruppen dieser Bakterien bekannt und der herkömmliche Impfstoff beinhaltet 3 Serovare, die neueren bestenfalls 4. Es handelt sich um eine auf den Menschen übertragbare

Erkrankung mit weltweiter Ausbreitung. Problematisch ist, dass die Erreger sehr lange in den Nieren der Säugetiere verbleiben und mit dem Urin ausgeschieden werden. Vor allem Ratten und Mäuse tragen zur Verbreitung bei. Warme, stehende und langsam fließende Gewässer begünstigen das Überleben der Leptospiren. Die Bakterien können durch Schleimhäute und Wunden in den Körper gelangen. Die Hauptsymptome stellen Leber- und Nierenfunktionsstörungen sowie Gerinnungsstörungen dar. Der Schweregrad der Erkrankung ist abhängig von Alter und Immunsystem des Hundes. Junge Hunde unter 6 Monaten erkranken am schwersten.

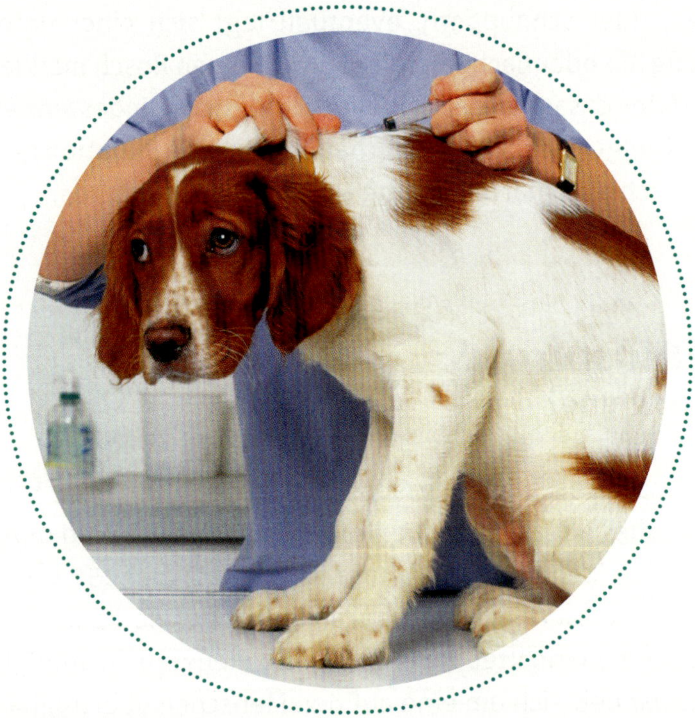

-M-

VON MASSAGE BIS MUNDGERUCH

Mammatumor

Als Mamma wird die weibliche Brust bezeichnet. Unsere Hunde haben auf jeder Seite 5 Milchdrüsenkomplexe. Diese zusammen werden als Gesäugeleiste bezeichnet. Ein Mammatumor ist also eine Zubildung im Bereich der Brustwarze/Zitze bzw. des umliegenden Brustdrüsengewebes. Es gibt das Erscheinungsbild von einem einzigen Tumor oder es können mehrere Tumore gleichzeitig an unterschiedlichen Mammakomplexen auftreten.

Aufgrund ihrer größeren Gewebemasse sind die beiden hinteren Milchdrüsenkomplexe häufiger betroffen als die drei vorderen. Die Größe von Mammatumoren variiert stark und anhand ihrer Wachstumsgeschwindigkeit können sie nicht in gut- und bösartig unterschieden werden! Es gibt manchmal bösartige Tumore, die lange Zeit unverändert erscheinen und plötzlich ein rasantes Wachstum zeigen.

Mammatumore sind bei Hündinnen eine der häufigsten Tumorerkrankungen. Rüden sind nur selten betroffen. Grob unterscheidet man zwischen gutartigen, bösartigen und nicht klassifizierbaren Tumoren.

HÜNDINNEN SIND HÄUFIGER BETROFFEN ALS RÜDEN

Die chirurgische Entfernung des Tumors ist in der Regel die beste Therapie, denn Chemotherapie, Bestrahlung und Immunotherapie zeigen bisher keine deutliche Wirkung bei der Behandlung von Mammatumoren.

Wie viel vom Gesäuge entfernt wird, wird individuell nach Ausmaß der Tumorbildung und nach Konstitution des vierbeinigen Patienten festgelegt. Die beste Prävention bietet tatsächlich die radikalste Form, nämlich die Entfernung der gesamten Milchleiste.

Markieren

Hunde tauschen über den Duft Informationen miteinander aus. Dabei ist genau wie in einem Gespräch der eine der Sender der Botschaft, der andere der Empfänger. Und diese Botschaft kann beispielsweise in Form von Urin oder Kot mitgeteilt werden. Vor allem anhand des Urins können Hunde eine ganze Menge erkennen. So riechen sie beispielsweise

- wie alt der andere Hund ist,
- ob er gesund ist,
- welchem Geschlecht er zuzuordnen ist,
- ob der andere fortpflanzungsbereit ist und
- ob er einen hohen Rang hat.

Alles das riechen sie, obwohl der andere Hund schon gar nicht mehr da ist und nur eine kleine Pfütze am Laternenpfahl hinterlassen hat. Kein Wunder, dass Hunde es lieben, an jedem Grashalm, jedem Busch oder jedem Gartenzaun stundenlang zu schnuppern. Möglich ist der Informationsfluss durch Pheromone. Das sind chemische Botenstoffe, die Informationen innerhalb einer Art übertragen; in diesem Fall also für uns Menschen nicht wahrnehmbar sind. Verteilt werden diese Pheromone beispielsweise durch den Urin oder den Kot, aber auch durch den Speichel und Drüsen am Schwanzansatz oder am Anus, etwa die Analdrüsen.

Wenn Hunde ihre Blase leeren wollen, weil sie „müssen", dann spricht man von „sich lösen". Dabei wird meist nicht lange nach einem geeigneten Ort gesucht, sondern einfach der Urin an der nächst möglichen Fläche laufen gelassen. Das Lösen dauert wesentlich länger als das bloße Markieren. Zum Markieren reichen wenige Tröpfchen, die strategisch wirksam platziert werden.

HUNDE MARKIEREN – MIT URIN UND KOT – AUS VERSCHIEDENEN GRÜNDEN:

- Zum einen gilt das Markieren der Orientierung, sie schreiben damit sozusagen eine eigene Landkarte, die ihnen den Weg weist. Dort wo Hunde sich nicht auskennen, aber auch auf der Jagd oder wenn sie etwas Besonderes gefunden haben, setzen sie Urin ab, sodass sie diese Stelle anhand ihres eigenen Geruchs wiederfinden würden.
- Die Grenzen des eigenen Reviers werden ebenfalls markiert. Hier geht es darum, den eigenen Rangstatus den anderen Hunden anzuzeigen – ein territoriales Verhalten, zu dem auch das Drüberpinkeln gehört und manchmal auch das Auffressen von fremdem Hundekot. Der Hund

entfernt damit sozusagen die Besitzansprüche der fremden Hunde, die diese auf „seiner" Wiese hinterlassen haben.

- Auch zeigen Hündinnen ob sie paarungsbereit sind. Das interessiert alle Rüden, aber auch Hündinnen wissen gern, wie es um potenzielle Konkurrentinnen in der Nachbarschaft bestellt ist.

Massage

Durch regelmäßige und vor allem korrekt ausgeführte Massagen steigert sich das Wohlbefinden Ihres Hundes deutlich. Die Flexibilität des Bewegungsapparates wird sowohl bei jungen als auch bei älteren Hunden gefördert, sodass Aktivitäten wie z. B. Treppensteigen oder Spielen nicht mehr mit Schmerzen verbunden sind und die Bewegungsfreude deutlich zunimmt. Die Hormonausschüttung durch die Massage lindert Stress und Schmerz und sorgt für Wohlbefinden und Entspannung.

Außerdem helfen Massagen dabei, die starke Bindung zwischen Hund und Halter zu verbessern und zu festigen. Der enge körperliche Kontakt, der bei der Massage sehr bewusst erlebt wird, ist für den Hund ein Genuss. Ihr Hund erhält das gute Gefühl der Verbundenheit mit Ihnen. Herrchen und Frauchen kümmern sich gut, und das spürt Ihr Tier. Hundemassagen können also auch bei der Bewältigung möglicher psychischer Probleme, die mit mangelndem Vertrauen, Ängsten oder Stress in Verbindung stehen, helfen. Auf folgende Punkte müssen Sie achten, damit Ihre Massage wohltuend und entspannend und nicht aus Versehen unangenehm und schmerzhaft wird:

- Streichen Sie die Beine immer von oben nach unten aus.
- Massieren Sie stets in Fellrichtung und nicht gegen die Haarwuchsrichtung.
- Massieren Sie nie direkt auf der Wirbelsäule, sondern immer nur daneben.
- Üben Sie sanften Druck auf die Muskulatur aus, aber niemals auf die Knochen. Das kann schnell schmerzhaft sein.

Steigern Sie den Massagedruck nur langsam. Sobald Sie merken, dass Ihr Hund sich unter Ihren Händen anspannt oder seine Muskeln zittern, reduzieren Sie den Druck. Also immer sanft und vorsichtig beginnen, dann kräftiger werden.

ANLEITUNG ZUR RÜCKENMASSAGE

- Beginnen Sie die Rückenmassage indem Sie das Nackenfell Ihres Hundes mit beiden Händen vorsichtig anheben. Diese Hautfalte zwischen Ihren Händen können Sie nun sanft durchkneten wie einen Pizzateig.
- Die eine Hand schiebt vor, gleichzeitig zieht die andere Hand die Hautfalte zurück. Die Hautfalte bewegt sich also s-förmig wie eine kleine Schlange in Ihrer Hand. Dadurch können Sie das Gewebe sehr schön lockern und sich über den kompletten Rücken durcharbeiten.
- Massieren Sie den Rücken insgesamt 5–6 Minuten.
- Heben Sie die Haut nur so weit an, wie dies leicht, locker und ohne Widerstand möglich ist. Zwischen den Schulterblättern und vor dem Schwanzansatz lässt sich die Haut nicht so weit anheben wie am Rest des Rückens! Gehen Sie also hier besonders behutsam vor.

ACHTUNG! IN DIESEN FÄLLEN DÜRFEN SIE NICHT MASSIEREN:

IN DIESEN FÄLLEN DÜRFEN SIE NICHT MASSIEREN

- Entzündungen, Fieber oder frische Verletzungen können sich durch Massagen verschlimmern.
- Bei Trächtigkeit keine Massagen im Rumpfbereich durchführen.
- Tumore können in Ihrem Wachstum oder ihrer Metastasierung begünstigt werden! Deswegen nicht massieren.

- Patienten mit schweren Herzerkrankungen sollten nicht massiert werden, um ihren Kreislauf zu schonen.
- Bei Infektionserkrankungen wie einem Magen-Darm-Infekt oder einer Erkältungskrankheit ist eine Massage zu anstrengend für Ihren Hund.

Maulkorb

Vielleicht denken Sie, dass Ihr Hund ganz sicher niemals einen Maulkorb brauchen wird, weil er einfach eine Seele von Hund ist? Dann muss ich Sie leider enttäuschen, denn die Chance, doch einmal dieses Utensil zu benötigen, ist groß:

- Nehmen Sie Ihren Hund in einem **Zug der Deutschen Bahn** mit, muss er entweder in einer verschlossenen Tasche transportiert werden – oder einen Maulkorb tragen!
- In verschiedenen **Urlaubsregionen** – auch in Deutschland – gibt es immer wieder die Vorgabe, dass Hunde nur mit Maulkorb transportiert werden, etwa auf Fähren oder in Seilbahnen.
- **In Italien** etwa brauchen Hunde **im Bus** einen Maulkorb – und auch auf öffentlichen Plätzen muss der Maulkorb zumindest mitgeführt werden, und in Wien beispielsweise müssen alle Hunde, die nicht an der Leine sind, einen Maulkorb tragen.

Damit Ihr Hund den Maulkorb ganz selbstverständlich trägt, muss dieser perfekt sitzen. Das bedeutet:

- Der Maulkorb muss fest sitzen, sodass Ihr Hund ihn nicht mit der Pfote einfach abstreifen kann.
- Der Korb darf nicht in die Augen rutschen.
- Er darf nicht drücken oder scheuern. Auch darf die Nase vorn nicht anstoßen.
- Ihr Hund muss auch bei Hitze gut hecheln können.
- Auch das Trinken muss mit Maulkorb möglich sein.

Medical Training
(» Tierarzttraining)

Medikamente

Jeder Hund muss dann und wann Medikamente einnehmen, doch nicht jeder verhält sich dabei kooperativ. Mit den folgenden Tipps wird es zukünftig kein Problem mehr sein, dass Ihr Hund auch wirklich die Medikamente schluckt, die er braucht.

Am leichtesten ist es natürlich, Medikamente für den Hund einfach unters Nassfutter zu mischen. Fragen Sie Ihren Tierarzt unbedingt vorab, ob Sie die Tabletten auch zermahlen dürfen – wenn ja, dann ist es für den Hund fast unmöglich, die Stückchen herauszusortieren. Kapseln dürfen Sie in der Regel nicht öffnen, um den Inhalt über das Futter zu verteilen. Die Hülle hält den Wirkstoff des Medikaments nämlich extra so lange zurück, bis er im Magen angekommen ist.

Ist Ihr Hund jedoch einer der Spezialisten, der sich nicht mit Leckerchen überlisten lässt, dann hilft nur, ihm die Tabletten weit in den Rachen zu schieben:

- Greifen Sie von oben über den Fang Ihres Hundes, sodass er das Maul öffnet. Seien Sie dabei sanft, aber packen Sie doch beherzt zu. Ein zaghaftes Hantieren verunsichert Ihren Hund erst recht.
- Nun legen Sie die Tablette weit hinten ins Maul. Am besten hinter den Zungenwulst. Das ist der Bogen, hinter dem es den Rachen hinabgeht.
- Halten Sie das Maul Ihres Hunds mit der Hand noch eine Weile umschlossen. So kann er die Tablette nicht gleich ausspucken.
- Pusten Sie Ihrem Hund vor die Nase oder massieren Sie sanft seine Kehle. Beides soll ihn animieren zu schlucken.
- Wenn Sie bemerkt haben, dass er geschluckt hat, lassen Sie ihn wieder los. Beobachten Sie ihn aber noch ein, zwei Minuten um sicherzugehen, dass er die Tablette nicht doch noch irgendwie ausspuckt.

SO GEBEN SIE FLÜSSIGE MEDIKAMENTE EIN

Manchmal müssen auch Medikamente in flüssiger Form verabreicht werden. Wenn es nicht möglich ist, dass Ihr Hund sie einfach unters Futter gemischt frisst, dann ziehen Sie die Flüssigkeit in eine Spritze ohne Kanüle auf.

- Ziehen Sie mit zwei Fingern die Lefze, also den Maulwinkel Ihres Hundes, zur Seite, sodass eine Art Trichter entsteht.
- Nun einfach die Flüssigkeit aus der Spritze weit nach hinten ins Maul eingeben. Aber dosieren Sie langsam, damit Ihr Hund sich nicht verschluckt.

Mikrochip

Die früher übliche Tätowierung im Ohr wurde durch den modernen Mikrochip fast ganz abgelöst. Schnell und unkompliziert setzt der Tierarzt heute den Chip mithilfe einer Injektionsnadel unter die Haut. Dort verbleibt der Chip ein Hundeleben lang und kann mithilfe eines kleinen Lesegeräts von Tierärzten, zuständigen Behörden oder Tierheimen ausgelesen werden. Die im Chip gespeicherte 15-stellige Nummer wird nur einmal vergeben – und so hat Ihr Hund quasi einen eigenen Personalausweis dabei.

Doch erst wenn Sie die Nummer auch bei einem Haustierregister registrieren lassen, kann man im Ernstfall die Kennzeichnung eines gefundenen Hundes mit Ihnen in Verbindung bringen. Also: Der Tierarzt injiziert nur den Chip – registrieren lassen müssen Sie ihn. Das geht im Handumdrehen und dazu noch kostenfrei. Das größte Haustierregister in Europa ist unter www.tasso.net zu erreichen.

Milben

(» Demodikose » Herbstgrasmilben)

Milztumor

Die Milz ist ein relativ großes Organ und zuständig für die Immunabwehr, Blutbildung und Blutspeicherung. Die meisten Tumore im Bauchraum sind Tumore der Milz – doch zum Glück kann ein Hund auch ohne Milz leben. Meist wird ein kleiner Milztumor zufällig auf einem Röntgenbild entdeckt – oder man erkennt ihn, wenn er groß ist, an der Umfangvermehrung des Hundes im Bauchbereich: So als hätte er einen Fußball verschluckt. Wichtig ist, dass ein Milztumor gleich nach der Entdeckung operativ entfernt wird. Denn reißt der Tumor kommt es zu gefährlichen inneren Blutungen, die meist unbemerkt bleiben und dann zum Tod des Tieres führen.

Mobbing

Besonders beliebt bei Hunden sind Jagdspiele. Dabei wird nebeneinander hergerannt, auch mal gerempelt, gezwickt und einer zu Boden geworfen. Doch ob die wilde Jagd tatsächlich ein Spiel ist und keine erbarmungslose Hetzerei, erkennen Sie an folgenden Punkten:

SO ERKENNEN SIE SICHER, OB DIE WILDE JAGD EIN SPIEL IST

- Die Hunde tauschen zwischendurch immer wieder die Rollen. Das heißt: Jeder rennt mal davon, jeder verfolgt mal den anderen. Auch beim Raufen ist jeder mal der Unterlegene, dann wieder der, der obendrüber steht. Die Bewegungen sind dabei weich und fließend.
- Zwischendurch gibt es Verschnaufpausen. Ist einer der Hunde erschöpft, bleibt er kurz liegen, während ihn der andere in der Zeit in Ruhe lässt. Nach ein, zwei Minuten geht es weiter.
- Während des Spiels gibt es immer wieder neue Spielaufforderungen. Das geschieht in der Regel durch die sogenannte Vorderkörpertiefstellung. Das bedeutet, dass sich der Hund mit ausgestreckten Vorderbeinen niederbeugt und dabei den Hintern in die Höhe hebt.

BEI MOBBING MÜSSEN SIE EINSCHREITEN

Zeigt die Körpersprache Ihres Hundes, dass dieser sich unwohl fühlt: geduckte Haltung, Rute eingezogen, Fiepen,

Flüchten, Beißen? Sucht Ihr Hund bei Ihnen Schutz, dann helfen Sie ihm. Stellen Sie sich vor ihn und treten Sie dem oder den anderen Hunden bestimmt entgegen. Wird er von den anderen nicht in Ihre Richtung gelassen, gehen Sie zu ihm und holen Sie ihn aus der Situation heraus. Erst wenn sich alle wieder beruhigt haben, geht es weiter ...

EINE PAUSE BERUHIGT DIE GEMÜTER

Beim Spielen schüttet der Körper Ihres Hundes eine Menge Adrenalin aus – ähnlich wie bei einer „echten" Jagd. Das kann bei manchen Hunden zur Folge haben, dass sie ihr Verhalten kaum noch kontrollieren können. Ist Ihr Hund derart aufgeputscht, hilft eine kurze Auszeit an der Leine. Danach darf er weiterspielen.

Mundgeruch
(» Zähne)

Meistens hängt der schlechte Atem eines Hundes mit Zahnstein oder einer Entzündung im Mundraum zusammen. Es ist eventuell ein Zahn abgebrochen oder das Zahnfleisch hat eine kleine Verletzung, die schlecht heilt und sich entzündet hat. Es kann aber auch sein, dass sich ein Stück Holz oder ein kleines Plastikteil vom Spielzeug zwischen zwei Zähne geschoben hat und nun dort vor sich hin gammelt. Der Tierarzt kann gegebenenfalls den Fremdkörper entfernen oder den erkrankten Zahn unter Narkose ziehen.

1. SCHRITT: KONTROLLIEREN SIE DIE ZÄHNE

- Tasten Sie zunächst die Schnauze Ihres Hundes ab. Legen Sie Ihre Fingerspitzen rechts und links an das Hundemaul und gleiten Sie unter leichtem Druck von vorne bis hinten zu den Lefzen. So können Sie eine „dicke Backe" fühlen bzw. erkennen, ob Ihr Hund an einer Stelle schmerzhaft reagiert.
- Anschließend schieben Sie ganz entspannt Ihren Zeigefinger in das Maul Ihres Hundes. Fahren Sie erst an den oberen und dann an den unteren Zähnen entlang. So können Sie einen gebrochenen Zahn oder ein Stück Holz erspüren.
- Riechen Sie auch an Ihrem Finger. Riecht er nach Eiter oder nur nach Futterresten?

2. SCHRITT: BEOBACHTEN SIE, WAS IHR HUND FRISST

Sind es nicht die Zähne, dann ist es möglicherweise das, was Ihr Hund unbeobachtet frisst, was so sehr stinkt. Viele Hunde fressen mit Vorliebe Katzenkot oder Aas ... Und das kann zu unerträglichen „Rülpsern" führen. Beobachten Sie also, ob der Mundgeruch dauerhaft auftritt oder nur an bestimmten Tagen. Das kann ein Anzeichen dafür sein, dass Ihr Hund einfach fiese Dinge gefressen hat, die nun den schlechten Atem hervorrufen.

3. SCHRITT: LASSEN SIE INNERE ERKRANKUNGEN ABKLÄREN

Wenn die Zähne in Ordnung sind und Ihr Hund nichts frisst, was für den Gestank verantwortlich sein könnte, aber trotzdem unerträglich aus dem Maul riecht, sollten Sie Ihren Tierarzt bitten der Ursache auf den Grund zu gehen. Denn es gibt einige ernsthafte Erkrankungen, die Mundgeruch hervorrufen:

- Bei Diabetes ist ein leichter Aceton-Geruch zu bemerken.
- Wenn die Nieren nicht richtig arbeiten, lässt sich das an der Atemluft erkennen. Die Gifte, die eigentlich über die Niere aus dem Blut gefiltert werden, gelangen dann in die Atemluft, die dadurch leicht nach Urin oder Ammoniak riecht.
- Und auch ein Leberproblem kann dafür sorgen, dass der Hund aus dem Maul riecht.

Meist ist es einfach Zahnstein, den Sie beim Tierzahnarzt entfernen lassen können, der für schlechten Atem sorgt. Aber eine gründliche Kontrolle auf Fremdkörper oder Zahnprobleme ist auf jeden Fall sinnvoll und leicht durchzuführen.

N

NOTFALLAPOTHEKE

Notfallapotheke

Es gibt viele Möglichkeiten, wie sich Ihr Hund im Handumdrehen verletzen kann. Schnelle Hilfe ist dann vonnöten. In einigen Fällen reicht Ihr direktes Handeln, manchmal ist auch ein Besuch beim Tierarzt fällig. Um jedoch in beiden Fällen zunächst Erste Hilfe leisten zu können, müssen Sie einige Hilfsmittel zur Hand haben.

1. VERBANDSMATERIAL

Grundausstattung

- sterile Wundauflagen zur Abdeckung von Wunden
- lange Mullbinden zum Umwickeln von Verletzungen
- Gazetupfer zur Wundreinigung
- Klebepflaster zur Fixierung eines Verbands

DIESE DINGE GEHÖREN IN IHRE NOTFALLAPOTHEKE

Optimal

- Verbandswatte zur Polsterung
- steril verpackte Papiertücher, Tempos etc. für Druckverband
- lange Verbände zum Umwickeln von Verletzungen
- selbsthaftender Verband zur Fixierung

2. MEDIKAMENTE UND DESINFEKTIONSMITTEL

Grundausstattung

- Desinfektionsmittel für Hände und Gegenstände (Pumpspray)
- desinfizierende Wundsalbe/ Jod
- Aktivkohle, als Kohletabletten, Pulver oder Kohlekompretten (gegen Vergiftungen, akuten Durchfall)

Optimal

- Reise-Tabletten
- Elektrolyt-Tabletten bei starkem Durchfall, um den Mineralienverlust auszugleichen
- Rescue-Tropfen (Bach-Blüten)

3. HILFSMITTEL

Grundausstattung

- Holzspatel, um z. B. eine Salbe gezielt aufzutragen oder um besser in den Mundraum gucken zu können
- elektronisches Fieberthermometer
- Pinzette
- Einmalspritzen (ohne Nadel!) zum Eingeben von Flüssigkeiten
- Hundeschuh (bei Pfotenverletzungen)
- Maulkorb

- Thermofolie/Rettungsfolie zum Schutz vor Auskühlung
- Zeckenentferner (z. B. Zeckenkarte, Zeckenhaken etc.)
- Verbandsschere

Optimal

- Einwegrasierer, um Wunden freischneiden zu können
- Lupe
- kleine Taschenlampe zur Kontrolle von Ohren, Augen, Pfoten und um Wunden zu untersuchen
- Gummi- bzw. Latexhandschuhe
- kleiner Plastikbehälter oder sauberes Schraubglas, um ggf. Kot oder Erbrochenes einzusammeln
- Hundetrichter, Halskrause (um das Aufbeißen eines Verbands zu vermeiden)
- selbstkühlende Sofort-Kälte-Kompressen/ Coolpack

-O-

VON OHRENENTZÜNDUNG BIS OTHÄMATOM

Ohrentzündung
(» Otitis)

(» Otitis)

OP-Versicherung

Schneller als man manchmal denkt, ist es so weit: Ihr Hund muss operiert werden. Und das kann leider ein teurer Spaß werden und schnell mehrere Tausend Euro kosten. Und es kommen im Fall einer OP natürlich nicht nur die reinen OP-Kosten auf Sie zu: Ein stationärer Aufenthalt Ihres Hundes in der Tierklinik oder beim Tierarzt wird notwendig, genauso wie teure Vor- und Nachuntersuchungen. Deswegen überprüfen Sie genau, welche der folgenden Punkte eine OP-Versicherung zusätzlich abdeckt, denn nur so zahlen Sie am Ende nicht drauf:

LEISTUNG	OK
Abschluss möglich auch im hohen Lebensalter?	☐
Aufnahme möglich trotz Vorerkrankung (wie z. B. Allergien oder vorangegangene Operationen)?	☐
Erstattungsgrenze, volle Kostenübernahme oder Selbstbeteiligung?	☐
Erstattung nach dem 2-fachen Gebührensatz der Tierärzte?	☐

Wie lange wird der Aufenthalt in Tierklinik nach OP übernommen?	☐
OP-Voruntersuchungen: MRT, CT, Röntgen, Ultraschall?	☐
Sind Wundnähte, Pfotenverletzungen, Bisswunden abgedeckt?	☐
Sind auch die teuersten OPs abgedeckt, wie Hüftprothesen, Bandscheibenvorfälle etc.?	☐
Gilt der Schutz im Ausland?	☐
Wird eine postoperative Physiotherapie übernommen?	☐

Es lohnt sich die einzelnen Leistungen der Versicherer miteinander zu vergleichen. Nicht immer ist die billigste Versicherung die günstigste, wenn Sie nämlich auf etlichen Kosten sitzen bleiben, weil diese nicht im Leistungsumfang enthalten sind.

Studieren Sie deshalb gewissenhaft, was wer zu welchen Konditionen anbietet.

Othämatom (Blutohr)

Das Othämatom ist eine Einblutung zwischen der Haut, die die Ohrmuschel eng anliegend überzieht, und dem Ohrknorpel. Je nach Ausmaß kann solch ein Bluterguss die gesamte Ohrmuschel betreffen. Schlimmstenfalls bleibt das Ohr dauerhaft deformiert!

Ursache für diese Einblutung sind kleine Verletzungen der Blutgefäße am Ohr. Diese Verletzungen können durch Fremdeinwirkung wie beispielsweise bei Raufereien entstehen oder der Hund fügt sie sich selbst durch Kratzen, Reiben oder heftiges Kopfschütteln zu. Da der Hund das störende Othämatom loswerden möchte, kratzt und schüttelt er sein Ohr nun besonders, wodurch die Einblutung wieder angeregt wird. Ein Teufelskreis!

Hinter dem Kratzen am Ohr oder dem Kopfschütteln können verschiedene Ursachen stecken. Nur wenn der Auslöser gefunden und behandelt wird, kann das Risiko für das Wiederauftreten des Othämatoms verringert werden. Mögliche primäre Ursachen sind:

MÖGLICHE URSACHEN FÜR HÄUFIGES KRATZEN

- Ohrentzündungen (hervorgerufen durch Bakterien, Pilze oder Ohrmilben)
- Fremdkörper im Ohrkanal (z. B. eine Granne)
- allergische Erkrankungen, die mit Juckreiz einhergehen
- Futtermittelallergien
- hormonelle Erkrankungen (Schilddrüsenunterfunktion, Nebennierenerkrankungen)
- sehr selten Tumore im Ohrkanal oder
- eventuell eine Autoimmunschwäche

Wird das Othämatom frühzeitig vom Tierarzt behandelt, ist die Prognose gut. Allerdings sind Rückfälle und Deformationen durch Vernarbung leider immer möglich. Wichtig ist die Grunderkrankung zu finden, die Auslöser des Kratzens und damit Grund für das Blutohr war. Da das nicht immer möglich ist, kann sich das Krankheitsbild im ungünstigen Fall wiederholen.

Otitis

Infektionen des Außenohres (Otitis externa) sind sehr unangenehm und schmerzhaft für Ihren Hund. Leider werden oft Grunderkrankungen, die die Ohrentzündung ausgelöst haben, nicht oder zu spät erkannt. Das hat zur Folge, dass die Ohrinfektion bereits fortgeschritten und die Therapie dadurch sehr langwierig ist. Dann brauchen Hundehalter, Hund und Tierarzt viel Geduld. Und nur wenn die Therapie konsequent umgesetzt wird, kann verhindert werden, dass die Infektion immer wieder auftritt. Umso wichtiger ist es, die Ursache der Infektion herauszufinden.

ZU DEN HÄUFIGSTEN PRIMÄREN AUSLÖSERN ZÄHLEN:

- allergische Grunderkrankungen (z. B. Futtermittelallergien)
- Fremdkörper wie Grannen vom Feld
- Parasiten (insbesondere Ohrmilben) oder
- Störungen des Hormonhaushaltes und Autoimmunerkrankungen

ZU DEN SEKUNDÄREN URSACHEN ZÄHLEN:

- Bakterien, Hefe- und Schimmelpilze die sich zahlreich vermehren, wenn das Ohr bereits durch primäre Ursachen vorgeschädigt ist.
- Auch Reaktionen auf Arzneimittel und
- ein übertriebenes Reinigen der Ohren können die Infektion fördern.

Darüber hinaus gibt es Faktoren, die das Entstehen einer Ohrentzündung begünstigen, indem die Belüftung des Ohres und der Selbstreinigungseffekt eingeschränkt werden (etwa bei Rassen mit Schlappohren). Hierzu gehören z. B. anatomische Fehlbildungen des Ohres, enge und abgeknickte Gehörgänge, schwere und lange Schlappohren sowie eine hohe Anzahl von Drüsen, die Ohrsekret produzieren (Ceruminaldrüsen). Ebenso kann häufiges Schwimmen das Risiko einer Otitis erhöhen.

Sie erkennen eine Ohrentzündung an den typischen Anzeichen: gerötete Ohren, manchmal Schwellungen im Gehörgang, Kopfschiefhaltung und Juckreiz unterschiedlicher Intensität. Es kann zu entzündungsbedingter Zerstörung der Talgdrüsen kommen und in der Folge sind trockene, schuppige Beläge sichtbar.

Ihr Tierarzt muss herausfinden, welche Bakterien im Ohr für die Infektion verantwortlich sind und welches Antibiotikum sinnvoll ist. Ganz wichtig ist auch die Grunderkrankung herauszufinden und dann beispielsweise auf eine festgestellte Futtermittelunverträglichkeit zu reagieren.

-P-

VON PANIKGESCHIRR BIS PYOMETRA

Panikgeschirr
(» Sicherheitsgeschirr)

Parasiten
(» Flöhe » Futtermilben » Herbstgrasmilben » Würmer)

Parvovirose
(» Impfung)

Parvovirose (CPV) ist eine relativ neue Erkrankung. Das canine Parvovirus ist seit etwa 1970 bekannt und vermutlich eine Mutation aus dem Katzenseuchevirus. Das Virus wird in großen Mengen mit dem Kot ausgeschieden und ist außerordentlich widerstandsfähig. Der Hund kann sich direkt infizieren oder das Virus gelangt über verschmutzte Kleidung/Schuhsohlen in die Häuser. Das Hauptsymptom ist eine blutige Magen-Darm-Entzündung mit möglicher Komplikation und einer starken Verminderung der weißen Blutkörperchen.

Patella-Luxation

Das Kniegelenk des Hundes ist ein kompliziert aufgebautes Gelenk und ein Konstrukt aus Knochen, Muskulatur der Ober- und Unterschenkel, Bändern, Sehnen und knorpeligen Strukturen wie Menisken. Durch große Muskeln, die am Oberschenkel- sowie Beckenknochen entspringen, wird eine Streckung des Kniegelenkes ermöglicht. Diese Muskeln laufen entlang der Vorderseite des Oberschenkels und treffen sich oberhalb des Kniegelenkes, wo sie eine gemeinsame große Sehne bilden. Dieses Band zieht bis zum Unterschenkel, um unterhalb des Kniegelenkes wieder anzusetzen. Die Kniescheibe (lat. Patella) ist ein flacher, scheibenförmiger Knochen, der als Puffer in diese Sehne eingebettet liegt und dadurch in ihrer Führungsrinne gehalten wird. Wenn diese Knochenscheibe aus ihrer Gleitrinne im Oberschenkelknochen herausspringt, spricht man von einer Patella-Luxation.

EINE PATELLA-LUXATION IST ZIEMLICH SCHMERZHAFT FÜR DEN HUND:

- Er kann in diesem Moment sein Bein nicht mehr belasten und zeigt den typischen hüpfenden Gang auf drei Beinen.
- Der Hund entlastet dabei die betroffene Gliedmaße für einige Schritte komplett und hält das Bein hoch.

- Meistens renkt sich die Kniescheibe nach kurzer Zeit von selbst wieder ein. Die Lahmheit verschwindet dann genau so schnell, wie sie gekommen ist, und der Hund setzt sein Bein wieder problemlos auf.

Bei schweren Verlaufsformen kann es aber auch passieren, dass die Kniescheibe nicht selbstständig auf ihren Platz zurückrutscht.

Behandelt man in einem schweren Fall die Patella-Luxation nicht, können die umliegenden Strukturen wie Meniskus und Kreuzbänder geschädigt werden und natürlich steigt das Risiko einer Arthrose. Eine Operation sorgt dafür, dass die Kniescheibe in ihre natürliche Position gebracht wird und dort dauerhaft verbleibt.

Puls messen

DER PULS EINES HUNDES LIEGT IM NORMALBEREICH ZWISCHEN 80 UND 120 SCHLÄGEN PRO MINUTE

Der Pulsschlag gibt Ihnen Auskunft über den Kreislauf Ihres Hundes. Sie fühlen ihn am besten an der Arterie des Hinterbeins. Legen Sie Ihre Fingerspitzen an die Innenseite des Oberschenkels und ertasten Sie mit den Fingerkuppen langsam die richtige Stelle, bis Sie die Arterie mit ihren deutlichen Schlägen spüren, meist in der Mitte des Oberschenkels.

Zählen Sie die Pulsschläge eine halbe Minute lang und verdoppeln Sie dann den Wert, so erhalten Sie den Pulsschlag pro Minute.

Der Standardwert liegt bei 80–120 Schläge pro Minute (je größer die Rasse, desto langsamer der Pulsschlag).

Pyometra

Bei einer Pyometra sammelt sich infolge einer Gebärmutterentzündung Eiter in der Gebärmutter an.

UND DAS GESCHIEHT SO:

Zum Ende der Läufigkeit ist der Gebärmuttermund geöffnet und so können Bakterien über den Gebärmutterhals in die Gebärmutter gelangen und dort eine Entzündung verursachen. Am Ende der Läufigkeit verschließt sich dann der Gebärmuttermund. Im Normalfall ein cleverer Schutzmechanismus der Natur, damit eben keine Erreger in die Gebärmutter eindringen können und so die eventuell bestehende Schwangerschaft geschützt wird. Im vorliegenden Krankheitsfall werden jetzt allerdings die Bakterien eingeschlossen und abgeschirmt. Außerdem vermindert das Hormon Progesteron die Widerstandsfähigkeit der Gebärmutterschleimhaut gegenüber Bakterien und regt die Gebärmutter an, vermehrt Sekret (Flüssigkeit) zu bilden. Dieses Sekret ist ein optimales Wachstumsmilieu für die Bakterien. Unter diesen Voraussetzungen können sich die

Bakterien fast ungehindert vermehren und eine Entzündung entsteht. Allmählich sammelt sich Eiter in der Gebärmutter an und das Ganze wird lebensgefährlich.

ACHTEN SIE AUF FOLGENDE SYMPTOME:

- Leistungsabfall, Lustlosigkeit, Teilnahmslosigkeit
- vermehrtes Trinken – doppelt bis dreifach so viel wie üblich
- vermehrtes Wasserlassen
- vermindertes Fressverhalten bis hin zur Futterverweigerung
- vaginalen Ausfluss (eitrig, eitrig-blutig, schleimig oder vorwiegend blutig) – Achtung: ist nicht immer zu sehen!
- Bauchschmerzen, plötzliche Umfangsvermehrung des Bauches
- Fieber (muss nicht zwingend auftreten)
- einen zeitlichen Zusammenhang mit einer vorausgegangenen Läufigkeit

Grundsätzlich kann jede unkastrierte Hündin von dieser Erkrankung betroffen sein, allerdings sind ältere Hündinnen eher davon betroffen. Beim leisesten Verdacht auf eine Gebärmuttervereiterung sollten Sie mit Ihrer Hündin Ihren Tierarzt aufsuchen, um die Symptome abklären zu lassen.

-R-

VON REISELISTE BIS RUHEBEDÜRFNIS

Reiseliste

Das Packen der Koffer gehört zu den aufregenden Vorbereitungen jeder Reise. Damit Sie nichts vergessen, wenn Sie mit Ihrem Hund auf Reisen gehen, hilft Ihnen die folgende Reiseliste:

- Adressanhänger
  mit Adresse des Urlaubsdomizils
  und Ihrer Handynummer
- Bodenanker zum Anleinen
  z. B. für den Campingplatz, aber auch
  am Strand oder im nicht umzäunten
  Garten des Ferienhauses nützlich
- Bürste, Kämme
- Dosenöffner
- EU-Heimtierausweis
- Futter
  Berechnen Sie das Futter so, dass Sie notfalls auch einmal 2 Tage länger vor Ort bleiben könnten, etwa wenn sich die Rückreise verzögert.
- Geschirr
- Gesundheitszeugnis/Tollwut-Titerbestimmung
  je nach Zielland nötig
- Haftpflichtunterlagen
- Halsband
- Halti
- Handtücher
  für den Strand und zum Abtrocknen

TIPP:
ERSTELLEN SIE
EINE CHECKLISTE
DAMIT SIE NICHTS
VERGESSEN

- homöopathische Tropfen gegen Reiseübelkeit
- Hundeschuhe
  wenn Sie einen Wanderurlaub planen; kann bei empfindlichen Pfoten aber auch im Süden am Strand nützlich sein
- Korb/Decke
- Kot-Tütchen
- Leckerchen
- Leinen
  normal und eventuell Laufleine/Schleppleine
- Maulkorb
  z. B. für die Fahrt mit der Deutschen Bahn, aber auch für einige Reiseländer vorgeschrieben, wie etwa Italien
- Medikamente
  wenn Ihr Hund regelmäßig Medikamente benötigt
- Näpfe
- Notfallapotheke
  Kohletabletten, Pinzette, Verband, Schmerzmittel, Desinfektionsmittel für kleinere Wunden, Euphrasia-Augentropfen für gereizte Augen
- Reisenapf
  für unterwegs, kommt ins Handgepäck
- Sonnencreme
  für helle Nasen
- Sonnenschutz für den Strand
- Spielzeug
- Ungezieferschutz
  Für den Süden empfiehlt sich ein Scalibor-

Halsband, das auch vor den Sandmücken schützt, die Leishmaniose übertragen können. Fragen Sie Ihren Tierarzt.

- Wasser
  ins Handgepäck
- Zahnbürste
- Zeckenzange

Reiseübelkeit

Nicht jeder Hund liebt das Autofahren. Einige haben mit Reiseübelkeit zu kämpfen, die Sie mit den folgenden Tipps lindern können:

- Ihr Hund sollte möglichst nicht mit vollem Magen losfahren – so sinkt die Wahrscheinlichkeit, dass er sich unterwegs übergeben muss, etwa weil er kurvige Strecken nicht gut verträgt und ihm übel wird.
- Probieren Sie aus, ob es Ihrem Hund überall im Auto schlecht wird: Vielleicht klappt es, wenn er mit einer Transportbox im Fußbereich des Beifahrers untergebracht ist. Oder er verträgt es besser, während der Fahrt aus dem Fenster sehen zu können. Vielleicht aber auch das Gegenteil: Wenn er möglichst nicht rausschauen kann, ist es für ihn am angenehmsten.

- Viele Hunde reagieren gestresst auf die vielen Kurven und das ständige Anfahren und Bremsen, schlafen aber schnell ein, sobald man auf der Autobahn fährt.
- Ingwer hilft gegen Reiseübelkeit. Da frischer Ingwer jedoch relativ scharf ist, nehmen Hunde ihn am besten 1 Stunde vor Antritt der Reise in Form von Tabletten ein. Diese bekommen Sie in der Apotheke.

Ruhebedürfnis

Genau wie wir Menschen brauchen Hunde einen ruhigen Schlaf, um die Geschehnisse des Tages zu verarbeiten. Im Schlaf regeneriert der Körper – und vor allem die Seele. Bekommt ein Hund dauerhaft nicht genügend Schlaf, wird er überdreht, später unkonzentriert, aggressiv und zuletzt sogar chronisch krank.

Der Schlaf unserer Hunde ist jedoch nicht mit unserem Schlaf vergleichbar. Je nach Rasse und Alter ist ein Ruhebedürfnis von 16 bis 20 Stunden normal. Dabei machen die Tiefschlafphasen nur einen geringen Teil aus, nämlich rund 20 Prozent. Der restliche Schlaf ist eher eine Art Dösen. Die Sinne sind dabei immer noch auf Empfang: Hört oder wittert der Hund etwas, ist er blitzschnell wieder wach.

Unsere Haushunde haben es „verlernt", auf ihr natürliches Ruhebedürfnis zu hören, denn sie haben sich an unseren Rhythmus angepasst. Vor allem Hütehundrassen fällt es schwer, nicht immer die Umgebung und vor allem den Besitzer im Auge zu haben und direkt einsatzbereit zu sein. Und leider unterstützt man diese ständige Alarmbereitschaft noch, indem man gerade diese Rassen häufig über alle Maßen beschäftigt, statt ihnen das zu geben, was sie ebenfalls dringend brauchen: Ruhephasen.

Findet Ihr Hund nur selten Ruhe? Dann sollten Sie auch einmal Ihr eigenes Verhalten auf den Prüfstand stellen. Stehen Sie selbst ständig unter Strom? Eilen Sie durch die Wohnung? Sind Ihre Bewegungen eher hektisch? Dann ist es kein Wunder, dass sich diese Anspannung auch auf Ihren Hund überträgt und er ständig in Alarmbereitschaft lebt. Wie wichtig kleine Pausen zwischendurch für unser Wohlbefinden sind, weiß jeder. Nur dieses Wissen auch umzusetzen, ist manchmal ganz schön schwer. Aber vielleicht ist es Ihnen möglich, wenn Sie wissen, dass Sie es für Ihren Hund tun. Wenn Sie wieder einmal merken, dass Ihr Hund unruhig umherläuft, obwohl er eigentlich schon mehr als genug an diesem Tag unternommen hat, dann machen Sie doch einfach einmal zusammen eine kleine Pause. Denn wenn Sie eine Weile dösen oder ein Nickerchen machen, dann wird sich Ihr Hund sicher ebenso entspannen – und so können Sie gleich beide davon profitieren.

-S-

VON SARCOPTESRÄUDE BIS STUBENREINHEIT

Sarcoptesräude

Die Sarcoptesräude ist eine hochansteckende parasitäre Hauterkrankung des Hundes. Verursacher dieser Erkrankung ist die Grabmilbe. Sie befällt hauptsächlich Hunde, aber auch Füchse, Hasen, Kaninchen, Meerschweinchen, Schweine und Katzen. Die Grabmilben bevorzugen wenig behaarte Hautstellen des Hundes, sodass sie am häufigsten an Ohrrändern, um die Augen herum sowie an Ellbogen, Bauch und Sprunggelenken anzutreffen sind. Mit der Ausbreitung der Erkrankung werden aber auch ausgedehnte Körperbereiche besiedelt. Die männlichen Milben leben auf der Hautoberfläche oder in flachen Tunneln. Die Weibchen graben Gänge in die Haut und legen dort über mehrere Monate hinweg ihre befruchteten Eier ab.

Der Hund infiziert sich in der Regel durch direkten Kontakt mit erkrankten Tieren.

- Die Räude stellt eine große Belastung für das erkrankte Tier dar und kann im fortgeschrittenen Stadium zur Reduzierung des Allgemeinbefindens, starkem Abmagern und Verhaltensauffälligkeiten führen. Der Juckreiz ist quasi „zum Aus-der-Haut-Fahren".
- Die betroffenen Tiere leiden unter massivem Juckreiz, der bei Wärme oft verstärkt wird.
- Die Hunde scheuern und kratzen sich permanent und exzessiv, manchmal beißen sie sich sogar selbst.

- Dadurch kommt es zu Verletzungen der Haut, Fellverlust und Entzündungen an den Kratzstellen. Die Hautbarriere ist stark beschädigt und somit können leicht zusätzliche eitrige Hautinfektionen durch Bakterien entstehen.
- Hautveränderungen wie kleine gerötete Papeln oder auch Pusteln und zum Teil starke Hautrötungen sind zu sehen.
- Oft zu beobachten sind auch Schuppungen, Krusten auf der Haut und eine Faltenbildung.

Der Tierarzt kann nach einer genauen Diagnose mittels eines Geschabsels ein Spot-on oder Tabletten verabreichen.

Scheinschwangerschaft/ Scheinträchtigkeit

Sobald eine Hündin geschlechtsreif ist – je nach Rasse im Alter von 6 Monaten bis 2 Jahren –, wird sie in der Regel ein- bis dreimal im Jahr läufig – also empfängnisbereit. Wird die Hündin dann nicht gedeckt und nicht tragend, schließt sich oft eine Scheinträchtigkeit an. Diese wird meist 4 bis 9 Wochen nach Ende der Läufigkeit bemerkbar.

Während der Läufigkeit wird das Hormon Progesteron vermehrt ausgeschüttet. Der Progesteronspiegel ist kurz nach der Läufigkeit bei einer nicht trächtigen Hündin fast genauso hoch wie bei einer trächtigen. „Merkt" der Körper nun nach einiger Zeit, dass keine Schwangerschaft vorliegt, vermindert sich der Progesteronspiegel deutlich – genau wie nach einer Geburt! Der Organismus reagiert bei einigen Hündinnen darauf mit der vermehrten Ausschüttung des Hormons Prolaktin, das für die Milchbildung maßgeblich ist. Das Gesäuge wird stärker ausgebildet und die Milch schießt ein – obwohl gar keine Geburt stattgefunden hat.

Zum Problem kann die Scheinschwangerschaft werden, wenn Ihre Hündin dadurch ihr Verhalten so stark verändert, dass sie unverhältnismäßig gestresst wird. Prolaktin steuert schließlich nicht nur den Milchfluss, sondern beeinflusst auch die Psyche der Hündin. Und so gibt es Hündinnen, die während der Scheinträchtigkeit ihr Körbchen zu einem Nest umbauen und sich Ersatzwelpen suchen: Spielzeug, Kuscheltiere, Socken oder Schuhe. Einige Hündinnen können während dieser Zeit auch aggressiv reagieren und ihren „Nachwuchs" gegen den Menschen verteidigen.

Verläuft die Scheinträchtigkeit relativ problemlos, müssen Sie nicht einschreiten. Ansonsten empfehle ich:

SO UNTERSTÜTZEN SIE IHREN HUND BEI EINER SCHEINTRÄCHTIGKEIT

- Sie können schon vor der Läufigkeit Kuscheltiere etc. entfernen und später die „Ersatzwelpen" wegräumen.
- Bieten Sie Ihrer Hündin viel Ablenkung. Gehen Sie spazieren und bauen Sie Spiele ein, die viel Konzentration erfordern. Je weniger

sie in ihrem Körbchen liegt und sich Ersatzwelpen suchen kann, desto besser.

- Ist bei Ihrer Hündin das Gesäuge dick und geschwollen, dann lassen Sie möglichst die Finger davon, denn jegliches Massieren etc. regt die Milchproduktion nur weiter an.
- Achten Sie auch darauf, dass Ihre Hündin das Gesäuge nicht durch dauerndes Belecken weiter anregt. Im Notfall muss sie einige Tage einen Plastikkragen vom Tierarzt tragen.

NUR IM AUSNAHMEFALL IST EIN BESUCH BEIM TIERARZT NÖTIG

Anders sieht es aus, wenn sich die Hündin extrem unruhig oder aggressiv verhält. Dann sollten Sie Ihren Tierarzt aufsuchen, damit er Ihrer Hündin ein Medikament gibt, das den Prolaktinwert deutlich senkt, um so die Scheinträchtigkeit vorzeitig zu beenden.

Auch wenn das Gewebe um die Zitzen herum warm und rot oder besonders berührungsempfindlich ist, ist es angebracht, den Tierarzt aufzusuchen. Denn dies kann ein Anzeichen für eine schmerzhafte und gefährliche eitrige Gesäugeentzündung sein, die mit Antibiotika behandelt werden muss.

Schleimhäute

Die Farbe der Schleimhäute gibt Aufschluss darüber, ob Ihr Hund etwa unter Schock steht. Am besten können Sie das im Maul Ihres Hundes überprüfen: Ziehen Sie die Lefze Ihres Hundes nach oben, sodass das obere Zahnfleisch gut sichtbar ist. Bei einem gesunden Hund sollte es rosarot und gut befeuchtet sein.

Wenn Sie nun mit dem Finger fest auf das Zahnfleisch drücken, etwa über dem Reißzahn, und dann den Finger wieder wegnehmen, bleibt dort eine blasse Stelle zurück. Es sollte nur rund 2 Sekunden dauern, bis das Blut an diese Stelle wieder nachgeflossen ist und sich die Stelle wieder rosa färbt. Dauert es deutlich länger, ist wahrscheinlich der Kreislauf des Tieres gestört.

DARAUF WEIST DIE FARBE DER SCHLEIMHAUT HIN:

- Rosa – okay
- Blass – Schock, Blutarmut
- Blau – Sauerstoffmangel
- Grau – Vergiftung
- Gelb – Leberproblem

Bei alten Tieren ist die Schleimhaut häufig mit schwarzen Flecken überzogen, sodass eine Farbbestimmung fast unmöglich ist.

Schleppleine

Eine Schleppleine kann ein Hilfsmittel sein, mit dem Sie Ihrem Hund beibringen, sich nicht zu weit zu entfernen und zurückzukommen, also den Rückruf zu üben. Zugleich hilft die Schleppleine dabei den Jagdtrieb zu managen, also die Risiken zu minimieren und auf Nummer sicher zu gehen, wenn es nicht gelingt Ihrem Hund den Rückruf zuverlässig beizubringen.

Es hört sich leicht an: einfach eine lange Leine dran und los geht's. Aber der Einsatz einer Schleppleine braucht Ihre unbedingte Aufmerksamkeit, sonst kann es zu Verletzungen kommen.

ACHTEN SIE BEIM EINSATZ EINER SCHLEPPLEINE AUF FOLGENDE REGELN

- Befestigen Sie die Leine nur an einem gut sitzenden Hundegeschirr, nicht am Halsband und niemals an einem Halti.
- Wenn Sie die Leine zwischendurch doch mal für eine längere Wegstrecke in der Hand halten, ziehen Sie am besten Handschuhe an. Denn wenn ein Seil mit Kraft durch Ihre Handfläche läuft, können fiese Brandwunden entstehen. Dünne Lederhandschuhe oder günstige Reiterhandschuhe stören auch im Sommer nicht.
- Haben Sie die Leine immer im Auge. Wenn Sie nicht aufpassen, stehen Sie sonst nämlich doch einmal in einer Schlaufe, stolpern oder werden umgerissen.

- Achten Sie auch darauf, dass die Leine nicht um Ihre Beine oder die Ihres Hundes gewickelt ist. Dann kurz stoppen und Leine und Hund entwirren.
- Das Spielen mit Artgenossen ist an der Schleppleine tabu. Das Verletzungsrisiko ist dann einfach zu groß.

Schlingen

Man traut manchmal seinen Augen kaum: In Sekundenschnelle ist das Futter runtergeschlungen, der randvolle Napf ohne Pause und scheinbar ohne einmal zu kauen geleert. Das wirkt auf uns nicht gerade gesund, schließlich hören wir Menschen immer wieder, wie wichtig es auch für die Verdauung ist, langsam zu essen und gut zu kauen. Doch das ist bei Hunden anders. Sie müssen in der Natur schlingen, denn wer zu langsam frisst, bekommt im Rudel nichts mehr von der Beute ab. Hinzu kommt, dass die Zähne des Hundes – anders als bei uns – auch nicht darauf angelegt sind, die Nahrung wesentlich zu zerkleinern und für die Verdauung vorzubereiten. Wenn also keine gesundheitlichen Gründe wie Veränderungen der Speiseröhre oder regelmäßiges Erbrechen nach dem Fressen vorliegen, müssen Sie sich keine Sorgen machen.

Tipp: Wenn Ihr Hund so sehr schlingt, dass er sich verschluckt, dann können Sie ganz einfach einen sehr großen

Stein in seinen Futternapf legen, sodass am Rand nur wenig Platz für das Futter bleibt. So muss er um den Stein herumfressen und sich etwas mehr Zeit lassen. Aber achten Sie darauf, dass der Stein wirklich groß ist und nicht gierig mit heruntergeschluckt werden kann! Im Handel sind Futternäpfe erhältlich die ähnlich funktionieren. Diese Näpfe haben mehrere nach oben stehende kleine Plastikzapfen, sodass das Schlingen für den Hund unmöglich wird.

Schmerzen

Hunde sagen uns leider nicht, wann ihnen etwas weh tut, sie zeigen es uns aber durch ihr Verhalten.

ANZEICHEN FÜR SCHMERZEN KÖNNEN SEIN:

- stärkeres Hecheln
- Schonhaltungen
- ungewöhnliche Bewegungsabläufe
- häufige morgendliche Steifigkeit des Körpers
- kurzes Aufschreien
- Unruhe
- Appetitlosigkeit
- starkes Lecken
- Benagen einer bestimmten Körperstelle

Beobachten Sie Ihr Tier genau: Wenn Sie Ihren Hund dabei beobachten, dass er wiederholt und unerklärlicherweise eines oder mehrere der oben aufgeführten Symptome zeigt,

z. B. aus dem Nichts heraus aufschreit, könnte das auf innere Schmerzen hinweisen, etwa auf ein Magengeschwür.

SCHMERZEN KÖNNEN CHRONISCH WERDEN

Nicht nur Menschen kennen das Problem, auch Hunde leiden darunter: Das Schmerzgedächtnis des Körpers lässt weiterhin Schmerzen spüren. Der Körper gewöhnt sich nämlich mit der Zeit daran, dass eine bestimmte Stelle wehtut. Und so kann Ihr Hund auch dann noch einen ganz realen Schmerz empfinden, wenn es keine reale Ursache mehr dafür gibt. Das führt dazu, dass er weiterhin Vermeidungsstrategien sucht, um diese Stelle nicht zu belasten. Und als Folge davon kann es an anderer Körperstelle schmerzen – ein Teufelskreis!

Seien Sie aufmerksam und suchen Sie rechtzeitig einen Tierarzt auf. Denn akute Schmerzen sollten früh behandelt werden, damit daraus keine chronischen Schmerzen werden.

Schnittwunden (Erste Hilfe)

Bei Schnittwunden werden fast immer tiefere Gewebeschichten und Blutgefäße verletzt. Die Blutung spült dabei in der Regel die Keime aus der Wunde. Daher ist eine Desinfektion nicht immer zwingend notwendig. Sie sollten aber die Blutung auf jeden Fall nach 1 bis 2 Minuten stoppen, wenn diese nicht von selbst zum Erliegen kommt. Dies erreichen Sie am einfachsten durch Druck auf die Wunde mit einer sauberen Kompresse, die Sie mit der Hand auf die Wunde drücken, oder einem Druckverband, wenn die Gliedmaßen verletzt sind.

SO LEGEN SIE EINEN DRUCKVERBAND AN

SO GEHT'S:

Für einen Druckverband legen Sie eine saubere Mullkompresse auf die Wunde, umwickeln diese mit reichlich Verbandwatte und wickeln als dritte Schicht Mullbinde oder selbsthaftende Binde mit ordentlich Zug um die Verletzung. Sie dürfen hier mit viel Druck arbeiten! Ihr Wattepolster aus Verbandwatte schützt die Gliedmaßen vor dem Absterben.

Schnittverletzungen, die aufklaffen, sollte der Tierarzt unbedingt nähen, um eine schnelle Wundheilung zu gewährleisten.

Kann die Blutung durch Druck nicht gestoppt werden, können Sie die zuführende Arterie abbinden. Danach müssen Sie so schnell wie möglich einen Tierarzt aufsuchen, damit kein Gewebe abstirbt!

Schokolade
(» Giftige Lebensmittel)

Schokolade enthält eine Substanz mit dem Namen Theobromin. Theobromin ist in seiner Wirkung dem Koffein ähnlich. Es regt also stark das Herz-Kreislauf-System und das Zentralnervensystem an. Hunde haben einen anderen Stoffwechsel als wir Menschen. Zum Beispiel fehlt dem Hund ein Enzym, das Theobromin spalten und somit für den Abbau sorgen kann. Aus diesem Grund kann Theobromin nur langsam vom Hund ausgeschieden werden. Die Halbwertszeit liegt etwa bei 17 Stunden, das heißt, dann ist erst die Hälfte der aufgenommenen Menge an Theobromin aus dem Hundekörper ausgeschieden!

Etwa 2 bis 4 Stunden nach der Theobromin-Aufnahme zeigen sich erste Symptome und nach 12 bis 36 Stunden hat sich die volle Bandbreite der Symptome entfaltet:

SYMPTOME EINER VERGIFTUNG DURCH SCHOKOLADE

- Leichte erste Symptome sind Unruhe, Erbrechen und Durchfall sowie ein aufgeblähter Bauch, manchmal vermehrter Speichelfluss und vermehrter Durst.
- Schwere Symptome sind Krämpfe, schnelle Atmung, Bewegungsstörungen, Zittern bis Krampfanfälle, Bewusstseinsstörungen, Herzrhythmusstörungen und schließlich Tod durch Herzversagen.

Schürfwunden (Erste Hilfe)

Schürfwunden sind oberflächliche Wunden, die oft schlimm aussehen, aber relativ harmlos sind und schnell heilen. Die Wunde sollten Sie zunächst mit Leitungswasser ausspülen und gründlich von Steinchen, Splittern etc. reinigen. Dazu verwenden Sie am besten eine Pinzette. Eine Schürfwunde sollten Sie nicht abdecken, also keine Mullkompressen, Pflaster oder Verbände verwenden. Diese können mit den neugebildeten Epithelzellen verkleben und die Wunde beim Entfernen der Kompresse wieder aufreißen. Am besten nehmen Sie zur Versorgung desinfizierende Wundgele (z. B. Octenivet Gel), die ein feuchtes Milieu schaffen, in dem die Wunde optimal heilen kann.

Schwangerschaft
(» Geburt)

Die Tragzeit einer Hündin beträgt ca. 63 Tage (57–65 Tage).

Ab dem 25.–30. Trächtigkeitstag kann der Tierarzt frühestens durch vorsichtiges Abtasten des Bauches oder eine Ultraschalluntersuchung feststellen, ob die Hündin tragend ist. Mittels Ultraschalluntersuchung können dann Rückschlüsse auf den Entwicklungszustand und die Vitalität der Welpen geschlossen werden. Ein guter Parameter ist hier der Nachweis des Herzschlages der Feten. Auch der Nachweis eines speziellen Hormons (Relaxin) im Blut der Hündin bietet eine zuverlässige Bestätigung der Trächtigkeit. Wie viele Welpen tatsächlich vorhanden sind, lässt sich nur schätzen.

- Ab etwa der fünften Trächtigkeitswoche fällt eine langsam wachsende Umfangsvermehrung des Bauches auf. Ab diesem Zeitpunkt beginnen die Zitzen anzuschwellen.
- Um den 30.–35. Trächtigkeitstag zeigt die Hündin durchsichtigen bis weißlichen Ausfluss aus der Scheide.
- Ab dem 45. Trächtigkeitstag kann geröntgt werden, denn zu diesem Zeitpunkt verknöchert das Skelett der Welpen und wird auf dem Röntgenbild sichtbar. Mit diesem bildgebenden Verfahren lässt sich die ungefähre Anzahl der Welpen am besten bestimmen.

Sicherheitsgeschirr

Ein spezielles Sicherheitsgeschirr, auch Panikgeschirr genannt, hat die Besonderheit, dass es den Körper Ihres Hundes an drei Stellen umschließt: Ein Gurt liegt am Hals-/Brustbereich an, der zweite führt hinter den Vorderbeinen entlang und ein dritter Gurt sitzt hinter dem Brustkorb. Und dieser dritte Gurt ist es, der das Geschirr sehr viel besser am Körper hält als jedes einfache Brustgeschirr. Denn hinter dem Brustkorb ist der Hund schmal. Sitzt hier ein Gurt

gut angepasst, so kann dieser nicht über den breiteren Brustkorb hinübergezogen werden, wenn der Hund versucht, sich nach hinten aus dem Geschirr herauszuwinden. Angsthunde sollten immer mit einem Sicherheitsgeschirr geführt werden.

Sonnenbrand

Hunde haben ein sprichwörtlich dickes Fell – aber leider nicht am ganzen Körper. Dort, wo kein schützender Pelz die Haut umgibt, können Hunde durchaus Sonnenbrand bekommen. Besonders gefährlich ist das bei Hunden, die sehr wenig Fell und helle Haut haben, etwa beim Bullterrier oder auch beim Dalmatiner. Hier scheint an vielen Körperstellen die Haut hervor und ist somit auch der Sonneneinstrahlung direkt ausgeliefert.

Vor allem der Bereich von Nase und Augenlidern ist gefährdet. Direkt oberhalb der Nase wächst kaum Fell. Hat Ihr

Hund nun hier auch noch eine helle Haut, verbrennt diese schnell – und genau wie beim Menschen kann dies langfristig zu Hautkrebs führen.

Abhilfe schafft in diesem Fall eine Sonnenschutzcreme. Nehmen Sie am besten eine Creme mit hohem Lichtschutzfaktor, die auch für Kleinkinder geeignet ist, und cremen Sie die empfindlichen Körperstellen ein, bevor Sie mit Ihrem Hund längere Zeit in die Sonne gehen.

Auch weiße Lidränder der Augen sind ein Problem. Leider kann man hier natürlich keinen Schutz auftragen. Da hilft es nur, dass Sie aufmerksam die Haut auf Veränderungen und Rötungen hin beobachten und gegebenenfalls auf einen Aufenthalt in der prallen Sonne verzichten.

Spulwürmer

Spulwürmer kommen relativ häufig vor. Die erwachsenen Spulwürmer leben im Dünndarm des Hundes und scheiden dort ihre Eier aus. In diesen Eiern entwickeln sich nach 2 bis 5 Wochen außerhalb des Hundes die infektionsfähigen Larven. Sicher in ihrem Ei verpackt, bleiben sie mehrere Jahre infektiös. Diese Eier sind mit bloßem Auge nicht zu erkennen und können durch Tiere, Menschen, Erde und Wasser nahezu überallhin weitergetragen und vom Hund dann unbemerkt aufgenommen werden. Nimmt nun ein Hund die Eier über das Maul auf, folgt die typische „Blut-Leber-Lungen-Wanderung" der Larven. In den meisten Fällen gelangen die Larven schlussendlich in den Dünndarm, wo sie zu geschlechtsreifen Würmern werden. Dieser Kreislauf dauert ungefähr 4 bis 5 Wochen.

SYMPTOME EINES SPULWURM-BEFALLS

SYMPTOME EINES SPULWURM-BEFALLS KÖNNEN SEIN:

- Darmentzündungen
- selten Durchfall
- Erbrechen

Welpen können sich schon durch die Muttermilch mit Spulwürmern infizieren. Ist der Befall erheblich, kann es zu Nahrungsverweigerung, Abmagerung, stumpfem Fell und trommelförmigem Bauch kommen. Besonders unangenehm: Auch wir Menschen können uns mit Spulwürmern anstecken. Zwar sind wir für den Wurm ein sogenannter Fehlwirt, in dem sich die Larven nicht zum geschlechtsreifen Wurm entwickeln können, aber trotzdem ist ein Spulwurmbefall gefährlich. Denn die Würmer wandern durch den menschlichen Körper hin zu Nervenbahnen, Auge und Gehirn. Und das kann ernsthafte gesundheitliche Folgen nach sich ziehen.

Medikamente gegen Wurmbefall sind entweder als Paste, Tablette oder Spot-on beim Tierarzt erhältlich.

Staupe
(» Impfung)

Staupe (canine Distemper-CDV) wird durch ein Paramyxovirus verursacht, das eng mit dem menschlichen Masernvirus verwandt ist. Das Virus kann nicht lange in der Umwelt überleben und daher ist eine Infektion nur durch Kontakt mit einem erkrankten Tier (z. B. Marder und andere Wildtiere) möglich. Das Virus befällt nahezu alle Organe und verursacht Lungen-, Darm- oder Gehirnhautentzündungen. Überlebende Hunde zeigen oft lebenslang zentralnervöse Symptome.

Stubenreinheit

Leider sind viele Menschen zu ungeduldig, wenn es um die Stubenreinheit geht. Viele verzweifeln schon, wenn ihr Welpe mit 12 Wochen noch nicht wartet, bis man endlich im Garten angekommen ist. Dabei muss man nur mal daran denken, wie alt Kinder sind, bis sie zuverlässig ohne Windeln durchs Leben laufen können ...

Es gibt Rassen, die werden schneller stubenrein, andere brauchen dafür wesentlich länger. Doch allgemein lässt sich sagen, dass Welpen erst mit etwa einem halben Jahr wirklich stubenrein sind.

Vorher müssen sie ständig raus, um zu pinkeln. Da wird das Raustragen zum Vollzeitjob:

ERSTELLEN SIE SICH EINEN PIPI-ZEITPLAN

- Welpen unter 3 Monaten müssen ca. alle 2 Stunden raus,
- Welpen zwischen 3 und 4 Monaten dann alle 3 Stunden.
- Dann bis zum 6./7. Monat ca. alle 4 Stunden.

Doch damit nicht genug. Es gilt noch mehr kritische „Pinkelauslöser" zu beachten, wenn Sie die Pfützen auf Ihrem Teppich vermeiden wollen:

- Welpen müssen meist, unmittelbar nachdem sie wach geworden sind.
- Und auch nach dem Fressen und Spielen dauert es nur rund eine Viertelstunde, bis sich die kleine Blase wieder meldet.

Halten Sie Ihren Welpen immer im Auge: Sobald die Nase zum Boden geht, ist das ein ziemlich sicheres Zeichen, dass er sich zum Pinkeln hinhocken will!

STUBENREINHEIT IST MANAGEMENT

Damit der Welpe stubenrein wird, müssen Sie also zunächst immer im Kopf behalten, wie oft und wann er Pipi macht.

Haben Sie ein Haus mit Garten wird Ihnen die Sache mit der Stubenreinheit wesentlich erleichtert. Denken Sie an den „Pipi-Zeitplan" und setzen Sie Ihren Hund, so oft es geht, nach draußen in den Garten. Sie haben sogar einen doppelten Vorteil: Erstens müssen Sie keine lange Strecke zurücklegen und zweitens wird Ihr Hund den Garten schon kennen und nicht so übermannt von all den Eindrücken sein, die ihn auf der Straße davon abhalten könnten sich zu lösen.

Leben Sie in einer Wohnung, müssen Sie sich anderweitig behelfen – nämlich vor allen Dingen schnell sein. Räumen Sie, wo es möglich ist, alle Teppiche zur Seite, sodass Sie ein Malheur gut wegwischen können. Und am besten haben Sie ein Paar Schuhe, in das Sie schnell reinschlüpfen können, direkt neben der Haustür stehen, damit Sie im Fall der Fälle gleich mit Ihrem Hund rausrennen können.

Und wenn es doch einmal daneben geht und der Welpe pinkelt auf den Teppich? Dann heben Sie ihn hoch, sagen „Nein!" und setzen ihn nach draußen. Dort loben Sie ihn, egal ob überhaupt noch Pipi kommt oder nicht.

Wichtig ist, dass Sie nicht auf ihn zustürzen oder sich übermäßig aufregen. Denn das wird nur dazu führen, dass er sich das nächste Mal einen Ort sucht, an dem Sie ihn nicht ertappen – hinterm Sofa etwa oder unterm Tisch.

-T-

VON TENNISBALL BIS TRINKEN

Tennisball

Ein Klassiker unter den Hundespielzeugen ist der Tennisball. Doch wenn Ihr Hund gern auf dem Ball herumkaut, sollten Sie unbedingt auf Tennisbälle verzichten. Der Filz, mit dem der Ball ummantelt ist, wirkt bei ständigem Dauerkauen wie Schmirgelpapier: Die Zähne werden regelrecht abgewetzt. Auch werden Tennisbälle nicht aus Materialien gefertigt, die auf einen stundenlangen Kontakt mit Speichel geprüft werden. Am besten sortieren Sie die alten Tennisbälle gleich aus und wählen stattdessen einen Ball aus Naturkautschuk.

Theobromin

(» Schokolade)

Tierarzttraining

Viele Hunde sind, sobald sie die Praxis des Tierarztes betreten, wie ausgewechselt: Sonst die Ruhe selbst, zittern sie am ganzen Körper, winseln oder reagieren panisch bis aggressiv. Das ist nicht nur für den Hund eine äußerst unangenehme Situation, es erschwert auch eine zügige und möglichst schonende Behandlung. Denn Blutabnahme, Röntgen und Spritzen sind kaum möglich, wenn das Tier auf dem Behandlungstisch tobt und sich immer wieder den Berührungen entzieht. Je braver sich Ihr Hund benimmt, desto schneller und problemloser ist auch die Behandlung vorbei. Es lohnt sich also auf jeden Fall, den Tierarztbesuch vorab gemeinsam zu üben – egal ob Sie einen Welpen direkt positiv darauf einstellen wollen oder ob Sie Ihrem erwachsenen Hund die Angst nehmen wollen.

- Üben Sie einfache Untersuchungen schon zu Hause: Stellen Sie Ihren Hund auf einen Tisch, gucken Sie ihm in die Ohren, heben Sie die einzelnen Gliedmaßen hoch, schauen Sie in sein Maul.
- Besuchen Sie die Praxis und den Arzt ohne Behandlungsgrund, nur zum Kennenlernen. Rufen Sie dazu vorher kurz in der Praxis an und fragen Sie, wann Sie zum „Kennenlerntermin" vorbeischauen dürfen. So lernt Ihr Hund, dass der Besuch beim Tierarzt nicht zwangsläufig mit einer Untersuchung einhergeht.
- Bleibt Ihr Hund trotz aller Vorbereitungen ängstlich, dann warten Sie mit Ihrem Hund nicht im Wartezimmer, sondern lieber außerhalb der Praxis, damit er seine Angst nicht auf die anderen Tiere überträgt.
- Übertragen Sie Ihre eigenen Ängste oder Ihr Mitleid nicht auf den Hund. Es ist in der Hundeerziehung einfach immer und überall dasselbe: Der Schlüssel sind Sie! Je entspannter Sie sind, umso entspannter wird auch Ihr Hund den Tierarztbesuch sehen.

Tipp: Und wenn Ihnen das doch einmal schwerfällt: Konzentrieren Sie sich auf den Arzt, das hilft. Halten Sie Ihren Blick auf ihn gerichtet, nicht auf Ihren verletzten Hund. So bewahren Sie leichter die Fassung.

Tierarztwahl

Nicht nur das fachliche Wissen des Tierarztes sollte Ausschlag gebend sein, welche Praxis Sie zur Tierarztpraxis Ihres Vertrauens machen. Es gibt ganz verschiedenen Aspekte, die es bei der Wahl einer guten Praxis zu bedenken gilt.

DIE WAHL DES RICHTIGEN TIERARZTES HÄNGT VON VIELEN FAKTOREN AB

- **Erreichbarkeit:** Die Praxis sollte nicht allzu weit von Ihnen entfernt liegen, so dass Sie in maximal einer halben Stunde dort sein können.
- **Praxisablauf/ Organisation:** Wie gut ist die telefonische Erreichbarkeit? Wie sind die Öffnungszeiten? Sind die Sprechzeiten kompatibel mit Ihren Arbeitszeiten? Wie ist der Ablauf, wenn eine Operation ansteht? Wann können Sie nach einer Operation wieder zu Ihrem Tier? Gibt es die Möglichkeit, Hausbesuche durchzuführen? Werden Termine vergeben? Gibt es die Kombination offene Sprechstunde ohne Voranmeldung und feste Termine? Wie lange ist die durchschnittliche Wartezeit?

- **Menschlichkeit:** Die Stimmung innerhalb der Praxis und der Umgang sind ebenfalls sehr wichtig. Wie fühlen Sie sich, wenn Sie die Praxis das erste Mal betreten? Wie werden Sie bzw. Ihr Tier empfangen? Stimmt die Chemie zwischen Arzt und Tier? Wie gut geht der Arzt auf Ihr jeweiliges Anliegen ein? Fühlen Sie sich verstanden und gut beraten?
- **Verständlichkeit:** Wie gut erklärt der Arzt Ihnen das Krankheitsbild Ihres Hundes und die jeweiligen Therapiemöglichkeiten?
- **Praxisausstattung:** Wie viel Wert legen Sie auf die modernste Technik? Welche Diagnosemöglichkeiten gibt es in der Praxis? Verfügt die Praxis über ein Röntgen- oder ein Ultraschallgerät oder gar ein MRT/CT? Besteht die Möglichkeit, bereits in der Praxis Blut-, Kot- und Urinuntersuchungen durchzuführen? Welche Operationen können durchgeführt werden und mit welchen Narkosetechniken wird dabei gearbeitet?
- **Fachrichtungen:** Ist es Ihnen wichtig, eine möglichst große Bandbreite an Fachgebieten in Ihrer Praxis abgedeckt zu haben? Oder sind Sie bereit, auf Anraten Ihres Haustierarztes einen Spezialisten aufzusuchen?

Tierbestattung

WAS SOLL NACH DEM TOD MIT DEM KÖRPER PASSIEREN?

Ist Ihr Hund verstorben, stehen Sie vor der schwierigen Frage, was nun mit seinem Körper geschehen soll. Möchten Sie den Körper beim Tierarzt lassen, ihn einäschern oder haben Sie die Möglichkeit, ihn auf einem eigenen Grundstück zu beerdigen?

TIERVERWERTUNGSANLAGE

Hat ein Tierarzt Ihren Hund eingeschläfert, haben Sie die Möglichkeit, das tote Tier gleich dort zu lassen. Von der Praxis aus wird der Hundekörper der Tierkadaver-Sammelstelle der Stadt übergeben. Auch Sie selbst können ein totes Tier dorthin bringen. Die Kosten liegen bei ca. 20 bis 30 €. Informationen erhalten Sie bei Ihrer Stadtverwaltung bzw. beim Amt für Abfallwirtschaft.

GARTEN

Auf dem eigenen Grundstück dürfen Sie Ihren Hund beerdigen. Dafür muss das Loch mindestens 50 cm tief sein. Allerdings darf Ihr Grundstück nicht in einem Wasserschutzgebiet liegen. Im Zweifelsfall fragen Sie bei der Stadt nach. Legen Sie den toten Körper möglichst direkt in den Boden und wickeln Sie ihn nicht in eine Decke. Im direkten Kontakt mit der Erde kann der Körper am schnellsten durch Mikroorganismen zersetzt werden.

PROFESSIONELLE TIERBESTATTUNG

Es gibt in jeder größeren Stadt heutzutage die Möglichkeit, seinen Hund auf einem Tierfriedhof beerdigen zu lassen. Es gibt Gräber, auf denen Sie einen kleinen Stein und Blumen aufstellen können, dann gibt es anonyme Reihengräber oder Einäscherungen mit anschließender Beisetzung. In der Regel können Sie auf einem Tierfriedhof ein Grab für Ihren Hund für mehrere Jahre mieten. Wie die einzelnen Grabstellen aussehen und wie hoch die Kosten sind, ist natürlich von Anbieter zu Anbieter und Stadt zu Stadt ganz unterschiedlich. Die Kosten richten sich nach der Größe des Hundes. Für einen Labrador müssen Sie für eine Liegenschaft von 5 Jahren in etwa 300 bis 500 € bezahlen.

EINÄSCHERUNG

Tierkrematorien bieten die Einäscherung von Haustieren an. Dabei gibt es einmal die Möglichkeit, dass Ihr Hund zusammen mit anderen Tieren verbrannt und die Asche dann anonym bestattet wird. Oder Sie lassen eine Einzeleinäscherung vornehmen und erhalten danach die Aschereste Ihres Tieres zurück. Diese können Sie dann in einer Urne auf einem Tierfriedhof beisetzen lassen oder aber auch mit nach Hause nehmen, dort aufstellen oder im Garten begraben. Auch hier richten sich die Kosten nach der Größe des Hundes.

Tollwut

Tollwut ist eine tödlich verlaufende Viruserkrankung, die fast alle Tiere und auch den Menschen befallen kann. Das Virus ist im Speichel der infizierten Tiere vorhanden und wird meist über Bisse übertragen. Eine schwere Gehirnhautentzündung ist die Folge. Ist die Krankheit erst einmal ausgebrochen, steht weder für Menschen noch für Tiere ein Heilmittel zur Verfügung!

Dass Deutschland seit 2008 als tollwutfreies Land gilt, ist nur einer konsequenten Impfung vor allem der Haustiere, aber auch der Füchse zu verdanken, die den Impfstoff durch ausgelegte Köder aufnehmen. In anderen Ländern sieht es anders aus und so bleibt die Tollwut eine tödliche Erkrankung, an der in Asien, Afrika und Osteuropa jährlich nicht nur Tiere, sondern auch Zehntausende Menschen sterben.

Überflüssig ist die Impfung noch lange nicht. Damit die Situation bei uns dermaßen entspannt bleibt, ist es wichtig, die hohe Impfrate aufrechtzuerhalten. Denn natürlich ist die Tollwut nicht ausgestorben und infizierte Tiere, Füchse oder Hunde, können immer wieder aus dem Ausland über die Grenzen kommen. Einige neuere Impfstoffe müssen nur noch alle 3 Jahre aufgefrischt werden. **Aber Vorsicht:** Geht es ins Ausland gilt an der Grenze nicht die „Haltbarkeit" der Impfung, sondern „stur" die Vorgabe der jährlichen Auffrischung.

Trauer

Nach dem Tod eines vierbeinigen Rudelmitglieds ändert sich auch für die hinterbliebenen Hunde einiges: Das eingespielte Rudel hat sich aufgelöst oder verändert sich. Leben noch weitere Hunde im Haushalt, wird sich unter Umständen die Struktur des Zusammenlebens noch einmal neu ordnen, denn einige haben vielleicht den Anführer, andere den Freund oder Verbündeten verloren. Vor allem ängstliche Hunde, die sich immer an ihrem Artgenossen orientiert haben, können nun extrem verunsichert sein. Anzeichen, dass Ihr Hund trauert, können sein:

SO ERKENNEN SIE, OB IHR HUND TRAUERT

- Appetitlosigkeit
- Lustlosigkeit
- plötzliche Unsicherheit
- Unsauberkeit oder
- Leckekzeme als Anzeichen von Stress

SO STEHEN SIE IHREM HUND BEI UND REDUZIEREN SEINEN STRESS

Sie helfen Ihrem Hund am besten, indem Sie versuchen, Ihren geregelten Tagesablauf beizubehalten. Machen Sie noch eine ganze Weile so weiter wie bisher, also beispielsweise die kleinen Gassirunden wie vor dem Tod des älteren Tieres.

Manchmal ist es gar nicht die Trauer des Hundes, die Sie spüren, sondern es ist Ihre eigene, die Ihr Hund widerspiegelt. Sind Sie aufgrund des Todes Ihres geliebten Vierbeiners über einen längeren Zeitraum mutlos, bedrückt und antriebslos, übertragen Sie diese Gefühle auf den Hund. Das heißt, er vermisst nicht seinen Artgenossen, sondern vielmehr sein Herrchen oder Frauchen, so wie er es kennt. Das heißt dann auch für Sie: Behalten Sie die täglichen Hunde-Routinen bei, die auch Ihnen in dieser Zeit Halt geben werden.

Möchten Sie Ihrem Hund homöopathisch helfen, bietet sich Ignatia C30 an. Dies ist ein wirksames Mittel gegen Kummer und Schmerz. Geben Sie einmal täglich 5 Globuli, etwa eine Woche lang.

Trinken

Ein Hund trinkt, weil sein Körper Flüssigkeit braucht. Anders als bei uns Menschen, die wir auch schon mal aus reinem Genuss trinken, ist der Durst bei Hunden immer etwas, was der Körper gerade fordert.

Etwa 2 Stunden nach dem Fressen ist der Flüssigkeitsbedarf besonders hoch, weil dann der Körper das Wasser für die Verdauung braucht.

Bei Durchfallerkrankungen, Fieber oder Erbrechen wird besonders viel Wasser verbraucht. Dann ist es wichtig, den Hund dazu zu bringen, viel zu trinken. Dazu können Sie einen Teelöffel Leberwurst im Wasser auflösen.

Achten Sie darauf, dass Ihr Hund wirklich immer trinken kann. Auf keinen Fall sollten Sie das Wasser rationieren, um sich dadurch beispielsweise das Erlernen der Stubenreinheit zu erleichtern! Gerade Welpen müssen sehr viel trinken, weil die Nieren noch nicht so gut arbeiten wie bei einem erwachsenen Hund. Ist der Wasserhaushalt hier gestört, kann dies ernsthafte Folgen für die Gesundheit und Entwicklung des Tieres haben. Denn wird dem Körper nicht genügend Flüssigkeit von außen zugeführt, muss er sich diese aus dem Gewebe ziehen.

-U-

VON ÜBERGEWICHT BIS UNTERFODERUNG

Übergewicht

Wir Hundehalter überschätzen häufig den Kalorienverbrauch unserer Hunde. Das liegt unter anderem daran, dass wir als Menschen uns einfach nicht vorstellen können, wie viel Nahrung ein Lebewesen braucht, das beispielsweise 10 Kilo wiegt. Unbewusst wollen wir nicht wahrhaben, dass so ein kleines Schälchen Trockenfutter ausreichen soll ... Und dann geht auch noch die Liebe durch den Magen, das heißt, wir lieben es einfach, wenn wir unsere Hunde mit Leckerchen und gutem Futter verwöhnen können.

Leider wird Übergewicht beim Hund vom Halter meist nicht ernst genommen. Doch die Extrakilos schränken den Hund nicht nur in seiner Lebensfreude ein, weil er sich nicht artgemäß bewegen kann. Sie sind auch Ursache für viele Folgeerkrankungen. Übergewicht belastet die Gelenke (Arthrose), führt zu Herz-Kreislauf-Erkrankungen oder Diabetes etc. Ein deutlich zu hohes Gewicht reduziert die Lebenserwartung eines Hundes um bis zu 20 %! Jedes überschüssige Kilo, das der Hund weniger mit sich herumträgt, verbessert seine Lebensqualität und Lebenserwartung.

SO REDUZIEREN SIE DAS GEWICHT IHRES HUNDES AUF GESUNDE WEISE

Damit Ihr Hund erfolgreich und gesund abnimmt, sollte die Diät aus zwei Ansätzen bestehen: mehr Bewegung und weniger Kalorien.

DIESE TIPPS HELFEN GEGEN ÜBERWICHT

1. SCHONENDE BEWEGUNG

Sorgen Sie dafür, dass sich Ihr Hund mehr bewegt. Passen Sie die Bewegung aber unbedingt an sein Alter und sein Übergewicht an. Ist Ihr Hund nur ein bisschen zu dick, spricht nichts gegen regelmäßige Radtouren. Ist er deutlich übergewichtig, würde dies nur seine Knochen und sein Herz übermäßig belasten. In diesem Fall sollten die Spaziergänge mit der Zeit länger und schneller werden.

2. FUTTERUMSTELLUNG

Wenn Sie Ihren Hund auf Diät setzen wollen, dann dürfen Sie eins nicht tun: Die Futtermenge einfach halbieren. Denn Sie müssen darauf achten, dass:

- Ihr Hund langsam an Gewicht verliert, denn ein zu schneller Gewichtsverlust ist ungesund.
- Ihr Hund trotzdem ein Sättigungsgefühl hat, z. B. durch Futterbestandteile, die wenige Kohlenhydrate enthalten.
- alle Nährstoffe in ausreichender Menge vorhanden bleiben. Reduzieren Sie beispielsweise ein Fertigfutter um die Hälfte, bedeutet dies auch, dass der Hund nur die Hälfte der wichtigen Nährstoffe erhält. Dies führt bei einer lang anhaltenden Diät zu einer Unterversorgung, die der Gesundheit Ihres Hundes schaden kann.

Tipp: Greifen Sie bei Fertigfutter auf spezielles Diätfutter zurück. Hierbei sind die Kalorien reduziert, aber trotzdem wird der Hund satt und optimal versorgt. Wenn Sie selbst kochen oder barfen, dürfen Sie bei einer Diät nicht an falscher Stelle sparen: am Fett. Denn hochwertiges Fett aus kalt gepressten Pflanzenölen oder eine kleine Menge Fischöl sind wichtig. Vermeiden sollten Sie fettreiches Fleisch und stattdessen besser Geflügel oder fettarmen Fisch füttern. Zudem sind wenige Kartoffeln und viel Gemüse besser als Nudeln oder Reis.

Unterforderung

UNTERFORDERUNG BEIM HUND ZEIGT SICH UNTER ANDEREM WIE FOLGT:

- Er kann nicht gut allein bleiben.
- Er bellt allgemein viel.
- Er zerstört Gegenstände, vor allem auch in der Wohnung.
- Er ist nur bedingt leinenführig.
- Er leckt exzessiv an den Pfoten, kaut auf den Krallen, kratzt sich viel etc.
- Er ist aggressiv.
- Er ist draußen so überdreht, dass er sich kaum auf Sie konzentrieren kann.

Doch nicht nur solche wilden oder extrovertierten Reaktionen sind ein Zeichen. Ist ein Hund ständig unterfordert, kann sich sein Verhalten auch dahin gehend ändern, dass er in sich gekehrt kaum noch Interesse an seiner Umwelt zeigt. Er mag in sich ruhend wirken, hat aber tatsächlich aufgegeben und ist kaum zu motivieren – er ist deprimiert.

Unterforderung vermeiden Sie nicht, indem Sie Ihren Hund zum Agility schleppen oder ihn abends 2 Stunden am Fahrrad laufen lassen. Es geht zwar darum, ausreichend Bewegung, aber vor allem auch Abwechslung in den Alltag einzubauen.

ACHTEN SIE UNBEDINGT AUCH AUF DIE GEISTIGE AUSLASTUNG IHRES HUNDES!

Den Großteil seiner täglichen Bewegung bekommt ein Hund natürlich durch die täglichen Spaziergänge. Und gerade die können Sie sehr abwechslungsreich gestalten: Viele neue Eindrücke bekommt der Hund dadurch, dass nicht jede Gassirunde der nächsten gleicht. Neue Strecken bieten nicht nur fremde Duftspuren, sondern regen alle Sinne an. Langweilt er sich unterwegs, kann es nämlich passieren, dass er sich eine andere Beschäftigungsmöglichkeit sucht, die einfach interessanter ist: Jogger jagen, an der Leine pöbeln und ähnliche unerwünschte Verhaltensweisen.

Hunde, die miteinander spielen, rennen und toben, können direkt zwei Bedürfnisse befriedigen: Kontakt zu Artgenossen, also eine soziale Stimulation, und ausgiebige Bewegung. Dabei wird zum einen die Kommunikationsfähigkeit des Hundes trainiert, er muss die Körpersignale seines Artgenossen lesen und darauf reagieren – das braucht eine Menge Konzentration. Und er bewegt sich auf eine Art und Weise, die den gesamten Körper beansprucht. Springen, Rollen, Rennen, Drehen, Abbremsen … das ist Auslastung pur!

-V-

VON VERBRENNUNGEN BIS VERGIFTUNG

Verbrennungen (Erste Hilfe)

Verbrennungen müssen Sie so schnell wie möglich mit kühlem Wasser 10 bis 20 Minuten lang kühlen, um weitere Hautschäden zu vermeiden. Achtung: Das Wasser darf nicht eiskalt, sondern lediglich kühl sein, um das Gewebe nicht durch die starke Kälte zusätzlich zu schädigen. Verbrennungen sollten Sie immer dem Tierarzt vorstellen, dieser kann den Verbrennungsgrad sicher einschätzen und die richtige Behandlung einleiten. Tragen Sie keine Lösungen, Salben oder Cremes auf! Sie erhöhen das Infektionsrisiko.

Vergiftung

Bei Verdacht auf eine Vergiftung müssen Sie mit Ihrem Hund so schnell wie möglich den Tierarzt aufsuchen. Versuchen Sie nicht selbst, den Hund zum Erbrechen zu bringen. Wenn Sie in der Praxis folgende Fragen des Arztes beantworten können, kann dieser so schnell wie möglich auf die Vergiftung reagieren:

- Wissen Sie, welches Gift aufgenommen wurde (z. B. Rattengift, Pflanzengift, Dünger)?
- Wenn dies der Fall ist, dann bringen Sie Pflanzenteile oder Produktverpackungen mit in die Praxis. So weiß der Arzt genau, auf welche Inhaltsstoffe er reagieren muss.
- Wann hat Ihr Hund das Gift aufgenommen?

- Wie viel Gift hat er aufgenommen?
- Wissen Sie, wie das Gift aufgenommen wurde (gefressen, eingeatmet, berührt)?

SO ERKENNEN SIE DIE SYMPTOME EINER VERGIFTUNG BEI IHREM HUND	
GIFT	**SYMPTOME**
Allgemein	Speicheln, Zittern, Taumeln, Erbrechen, Durchfall, Husten, bläulich verfärbte Schleimhäute, blutende Schleimhäute
Rattengift	blutende Schleimhäute mit kleinen roten Punkten, Zahnfleischbluten, blutiger Urin oder Kot, großflächiger Haarausfall
Säuren	Verätzungen mit schorfigen Stellen an Haut und Schleimhäuten
Pflanzenschutzmittel	Speicheln, Erbrechen, Krämpfe, Taumeln, Augenrollen
Insektenvernichtungsmittel	Krämpfe, erweiterte Pupillen, verlangsamter Herzschlag
Wichtig: Je nach Konstitution des Hundes und Menge der aufgenommenen Gifte können die Symptome unterschiedlich und mehr oder weniger stark ausgeprägt sein!	

W

VON WASSERUTE BIS WURMKUREN

Wasserrute

Oft tritt diese Erkrankung nach körperlich harter Belastung, wie anstrengendem Jagen, nach dem Schwimmen im kalten Wasser oder nach längeren Autofahrten, wenn der Hund sich im Fahrzeug nur eingeschränkt bewegen konnte, auf.

SYMPTOME EINER WASSERRUTE

SYMPTOME KÖNNEN SEIN:

- Der Hund hält die Schwanzbasis waagerecht vom Körper weg und der restliche Schwanz hängt schlaff und kraftlos herab.
- Oft kann man, wenn man vorsichtig tastet, eine Schwellung am Schwanzansatz fühlen.
- Manchmal sieht das Fell am Ansatz der Rute gesträubt aus.
- Der Hund wedelt nicht mehr mit dem Schwanz.
- Manche Tiere beknabbern und belecken ihren Rutenansatz sehr intensiv.
- Der Hund ist in diesem Bereich extrem schmerzempfindlich und hat hochgradige Schmerzen – vergleichbar mit einem Hexenschuss bei uns Menschen.
- Diese Schmerzen können den Hund gegenüber Menschen und Artgenossen zeitweilig aggressiv machen!

- Die Tiere können weder schmerzfrei sitzen noch liegen. Deshalb nehmen sie eine Schonhaltung ein, sodass sie nur auf einer Pobacke sitzen und die Beine seitlich unter dem Körper wegstrecken, um die Rute zu entlasten.
- Vor Schmerzen halten viele Hunde sogar Harn- und Kotabsatz zurück, weil es ihnen nicht möglich ist, ihre gewohnte Stellung einzunehmen.

DIE GENAUE URSACHE FÜR EINE WASSERRUTE IST NOCH NICHT GEKLÄRT, ABER ES GIBT VERSCHIEDENE ANSÄTZE.

- Zum einen kommt es durch eine körperliche Überbeanspruchung im Zusammenhang mit einem Kältereiz zu Muskelentzündungen im Bereich des Rutenansatzes und in der Folge zu Zerstörung der Muskelzellen und Mikro-Muskelfaserrissen. Die Unterkühlung des Schwanzansatzes führt zu einer Minderdurchblutung der Muskulatur, da sich Blutgefäße bei Kälte zusammenziehen. Dies führt zu Energiemangel und stoffwechselbedingter Übersäuerung in der Muskulatur.
- Eine andere Theorie vermutet eher eine Stauchung der Schwanzwirbelgelenke oder eine Entzündung der Zwischenwirbelbereiche.
- Bereits vorhandene Probleme an der Lendenwirbelsäule und im Kreuzbein in Kombination mit übersteigerter Aktivität oder/und Kälte begünstigen ebenfalls die Entstehung der Wasserrute.

In der Regel ist der Hund mit den entsprechenden Medikamenten, Wärme und Ruhe bald wieder schmerzfrei. Allerdings sollte eine Wasserrute immer dem Tierarzt vorgestellt werden, um andere – gefährliche – Krankheiten (z. B. Bandscheibenvorfall) ausschließen zu können.

Weihnachten

Das Weihnachtsfest birgt leider für Ihren Hund einige Gefahren. Damit die Feiertage nicht in der Notfallsprechstunde beim Tierarzt enden, müssen Sie Folgendes wissen:

Vergiftungen: Weihnachtsmänner aus Schokolade (-> Schokolade), Macadamia-Nüsse, Schokoladenplätzchen, Lebkuchen und Rosinen sind für Ihren Hund giftig. Haben Sie also den Plätzchenteller immer gut im Blick. Vor allem dunkle Schokolade ist hochgiftig und es reichen für einen kleinen Hund wirklich geringe Mengen, um eine gefährliche Vergiftung hervorzurufen.

Sprühschnee: Niemals in Höhe Ihres Hundes an der Fensterscheibe anbringen. Denn der Sprühschnee ist giftig und kann durch Ablecken in gefährlichen Mengen aufgenommen werden.

Kerzen: Auch wenn Ihr Hund nicht mit der Schnauze an die Kerzendekoration geht, kann er doch mit der Rute oder langem Fell in die Flamme geraten.

Pflanzen: Weihnachtsstern, Mistel und Christrosen sind giftig und vor allem gefährlich, wenn ein Welpe meint, seine Zähnchen daran ausprobieren zu müssen.

Welpenschutz

LEIDER IST DER WELPENSCHUTZ HÄUFIG NUR EIN MYTHOS

In vielen Köpfen herrscht die Vorstellung, dass Welpen und Junghunde Narrenfreiheit bei den Alten genießen. Dass sie über einen natürlichen Schutz verfügen, der verhindert, dass Althunde sie beißen oder massiv gegen sie agieren. Aber das ist leider ein gefährlicher Irrtum, denn an diesem Mythos ist absolut nichts dran. Es gibt keine genetisch fixierte Hemmung, die einem erwachsenen Hund sagt, dass er einen Welpen nicht beißen darf. Genauso wenig gibt es einen Instinkt, der dafür sorgt, dass Althunde Welpen toll finden und nett mit ihnen umgehen.

Welpen sind in erster Linie anstrengend, manche sogar ganz schön nervig. Sie bewegen sich schnell und unkoordiniert, sind nicht berechenbar in dem, was sie als Nächstes tun, und handeln oft rotzfrech und distanzlos. Kein Wunder, dass der Althund da schnell die Geduld verliert, vor allem wenn es ein fremder Welpe ist. Nichtsdestotrotz sind viele ältere Hunde durchaus geduldig mit den Kleinen. Gefährlich wird es erst dann, wenn der Welpe die Signale des Althundes nicht versteht oder nicht darauf reagiert. Ein

Althund hat keinerlei Hemmung, einen Welpen, der nicht hören will, körperlich zurechtzuweisen! Und je nachdem, wie massiv der Althund das tut, kann dies ein sehr verstörendes und prägendes Erlebnis für einen Welpen sein. Benimmt Ihr Welpe sich stattdessen vorsichtig und gehemmt und zeigt sich respektvoll dem älteren Hund gegenüber, lernt er eine wertvolle Lektion in seinem Hundeleben.

Ein Althund zeigt jede Menge deutlicher Anzeichen dafür, dass er sich belästigt fühlt und den Welpen im nächsten Augenblick deutlich zurechtweisen wird:

ACHTEN SIE BEIM SPIEL MIT ALTHUNDEN AUF DIESE ZEICHEN

- aufgerichteter Körper
- durchgedrückte Gelenke
- aufgerichtete, steife Rute
- hoch getragener Kopf
- entblößte vordere Zähne
- der Welpe wird nicht direkt angesehen

Erkennen Sie dieses Verhalten beim älteren Hund und Ihr Welpe „nervt" fröhlich weiter, greifen Sie vorsichtshalber ein und brechen Sie den Kontakt ab, um Verletzungen und schlechte Erfahrungen, die ein Leben lang prägend sein können, zu vermeiden.

Würmer
(» Bandwurm, gurkenkernförmiger » Fuchsbandwurm » Hakenwürmer » Hundebandwurm » Spulwürmer)

Grundsätzlich unterscheidet man zwischen Fadenwürmern (Nematoden) und Bandwürmern (Zestoden).

ZU DEN WICHTIGSTEN FADENWÜRMERN GEHÖREN:
- Spulwürmer
- Hakenwürmer
- Peitschenwürmer
- Herzwürmer
- Lungenwürmer

DIE BEKANNTESTEN BANDWÜRMER SIND:
- Hundebandwurm
- Fuchsbandwurm
- gurkenkernförmiger Bandwurm

Wurmkuren

Medikamente, die Würmer abtöten, sind entweder als Paste, Tabletten oder Spot-on beim Tierarzt erhältlich. Parasitenprophylaxe sollte aber immer auf den Einzelfall abgestimmt werden.

ENTWURMUNG NACH EINZELFALL:

DIE ENTWURMUNG IHRES HUNDES RICHTET SICH NACH UNTERSCHIEDLICHEN KRITERIEN

- Hunde, die nicht jagdlich genutzt werden und keine Mäuse oder Ähnliches erbeuten, und solche, die nicht unbeaufsichtigt umherstreunen: Kotuntersuchung bzw. Entwurmung alle 3 Monate.
- Jagdhunde, Mäusejäger und Hunde, die ohne Aufsicht freien Auslauf und Kontakt zu anderen Hunden oder engen Kontakt zu Schwangeren, Kleinkindern, chronisch Kranken und immunsupprimierten Personen haben, oder Diensthunde und Hunde, die auf Ausstellungen/Leistungsprüfungen gehen: alle 4 Wochen Kotuntersuchung bzw. Entwurmung.
- Hunde, die mit Rohfleisch gefüttert werden, das nicht zuvor ausreichend erhitzt (10 Minuten, Kerntemperatur 65 °C) oder gefroren (eine Woche bei -17 bis -20 °C) wird, sollten alle 6 Wochen gegen Bandwürmer behandelt werden.
- Hundewelpen sollten erstmalig im Alter von 2 Wochen gleichzeitig mit dem Muttertier gegen Spulwürmer und danach im 2-wöchigen Abstand bis 2 Wochen nach dem Absetzen von der Mutter entwurmt werden.
- Bei Auslandsreisen müssen die Vorgaben der jeweiligen Länder beachtet werden.

Z

VON ZÄHNE BIS ZWINGERHUSTEN

Zähne
(» Zahnpflege » Zahnstein » Zahnwechsel)

Zahnpflege

Da das Zahnfleisch Ihres Hundes empfindlich ist, sollten Sie beim Zähneputzen auf weiche Hundezahnbürsten zurückgreifen. Noch einfacher in der Handhabung sind kleine Zahnbürsten, die Sie auf Ihren Finger aufstecken können. Die werden vom Hund meist besser im Maul akzeptiert und Sie haben etwas mehr Feingefühl beim Putzen.

Normale Zahncreme ist nicht geeignet, da der Hund einen anderen pH-Wert im Mund hat und sie zudem für ihn zu scharf ist und er nicht ausspült, sondern danach runterschluckt. Im Fachhandel gibt es Zahncreme, die speziell für das Zähneputzen beim Hund entwickelt wurde.

SO GEWÖHNEN SIE IHREN HUND ANS ZÄHNEPUTZEN

SCHRITT FÜR SCHRITT ZUM ENTSPANNTEN ZÄHNEPUTZEN

1. Schritt: Geben Sie zunächst etwas Hundezahnpasta auf Ihren Finger – ohne Zahnbürste – und reiben Sie kurz über die Außenseite der Zähne. Wiederholen Sie diesen Schritt ein paar Mal, bis sich Ihr Hund daran gewöhnt hat, dass Sie mit Ihren Fingern in seinem Maul herumwerken.

2. Schritt: Wenn das klappt, geben Sie etwas Zahnpasta auf die befeuchtete Zahnbürste. Lassen Sie den Hund die Zahnpasta abschlecken, damit er mit der Bürste etwas Positives verbindet.

3. Schritt: Hat er das zwei, drei Mal kennengelernt, beginnen Sie mit dem eigentlichen Putzen. Jetzt geben Sie die Hundezahnpasta auf die Bürste. Umfassen Sie mit der Hand, die nicht die Bürste hält, die obere Hundeschnauze, sodass Sie mit Daumen und Zeigefinger die Lefzen hochschieben können. Nun putzen Sie nur die langen Eckzähne, und zwar zunächst nur von außen und von oben nach unten. Die anderen Zähne lassen Sie außen vor, die werden anfangs noch nicht geputzt.

4. Schritt: Je öfter Sie das machen, desto besser wird es klappen. Nach etwa einer Woche können Sie sich langsam nach hinten vorarbeiten. Ganz hinten sitzt meistens besonders viel Belag auf den Zähnen. Die Schneidezähne lassen Sie noch ganz außen vor – dort ist der Hund am empfindlichsten.

5. Schritt: Je sicherer Sie werden und je geduldiger Ihr Hund wird, desto weiter können Sie voranschreiten und nun auch die Zähne von der innen liegenden Seite putzen. Erst wenn alles gut läuft, nehmen Sie sich auch die kleinen Schneidezähne vor.

Zahnstein

Beläge aus Speichel, Futterresten und Bakterien bleiben an und zwischen den Zähnen Ihres Hundes hängen und bilden sogenannte Plaques. Werden diese nicht entfernt, dann erhärten sie sich in Verbindung mit Mineralsalzen zu Zahnstein. Dieser hat eine raue Oberfläche, auf der sich Bakterien wohlfühlen. Und diese wiederum sind es, die durch ihre Stoffwechselprodukte Säuren produzieren, die den Zahn und das Zahnfleisch angreifen.

Die langfristige Folge können Zahnfleischentzündungen oder sogar Parodontitis sein. Das Gefährliche am Zahnstein ist, dass die Bakterien der Mundhöhle über das durch den Zahnstein entzündete Zahnfleisch in die Blutbahn gelangen. Dort können sie die Herzklappen, Nieren und Leber schädigen – mit weitreichenden und ernst zu nehmenden Folgen.

Zahnwechsel

Das Milchgebiss eines Hundes ist mit 3 bis 4 Monaten ausgebildet – und dann beginnen auch schon die „echten" Zähne von unten nachzuwachsen und die Milchzähnchen werden locker und fallen schließlich aus. Diese Milchzähne werden entweder verschluckt oder aber Sie finden ab und zu beim Staubsaugen einen in Ihrer Wohnung.

Wie bei uns Menschen ist der Zahnwechsel auch für Welpen mit Schmerzen verbunden. So können Sie Ihrem Hund die Zeit erleichtern:

- Bieten Sie ein Kauspielzeug zum Kauen an. Gut geeignet sind z. B. Spieltaue aus Baumwolle. Darauf kann Ihr Kleiner herumkauen und damit sein Zahnfleisch massieren.
- Unbedingt verboten sind zu dieser Zeit wilde Zerrspiele. Denn Sie könnten dabei einen Milchzahn lösen, der noch gar nicht bereit ist, herauszufallen. Und das ist besonders schmerzhaft. Ein leichtes Hin- und Herruckeln, ohne dass Sie feste gegenhalten, ist natürlich erlaubt.
- Trockenfutter bereitet vielen jungen Hunden Probleme, wenn die Zähne wehtun. Sie sollten es während des Zahnwechsels einfach eine Stunde vor Fütterung einweichen.

Mit etwa 5 Monaten ist der Zahnwechsel in der Regel komplett abgeschlossen.

Zecken
(» Babesiose » Borreliose » Ehrlichiose)

Während Ihr Hund durch das hohe Gras stiefelt, lauern ihm die Zecken bereits auf. Und trotz aller Zeckenprophylaxe wird er sich sicherlich mal die ein oder andere einfangen. Hat die Zecke sich einmal eingegraben, heißt es für Sie: schnell sein und die Zecke sofort entfernen, denn bereits kurz nach dem Stich kann die Zecke die ersten Krankheitserreger übertragen!

PINZETTE ODER ZECKENHAKEN: SO GEHTS!

DIE ZECKENPINZETTE

Das Besondere an der Zeckenpinzette ist, dass sie nach dem Greifen zugeklemmt bleibt. Deswegen ist sie für langhaarige Hunde nicht so gut geeignet, das lange Fell wird eingeklemmt und es ziept beim Entfernen der Zecken. Sie müssen die Backen der Pinzetten also nicht wie bei einer herkömmlichen Pinzette zusammendrücken.

So geht's: Packen Sie mit dem Ende der Pinzette den Zeckenkopf so nah wie möglich an der Hundehaut. Wenn die Pinzette geschlossen ist, können Sie die Zecke herausdrehen. Ob Sie links- oder rechtsherum drehen, ist egal, eine Zecke hat ja schließlich kein Gewinde.

DER ZECKENHAKEN

Ein kleiner Plastikhaken mit 2 gebogenen Zinken, der auch bei langem Fell ohne Ziepen verwendet werden kann.

So geht's: Einfach die Zecke zwischen die Zinken des Hakens einhaken. Auch hier gilt: Setzen Sie so tief wie möglich an der Haut an. Jetzt können Sie die Zecke ganz einfach mit einer Bewegung nach vorne und nach oben herausschieben.

Um andere Tiere vor einem Biss dieser entfernten Zecke zu schützen, müssen Sie die Zecke abtöten. Am besten legen Sie sie in ein Taschentuch und zerdrücken sie mit einem festen Gegenstand. Danach können Sie das Tuch mit Zecke im Hausmüll entsorgen.

Zoonosen

Als Zoonosen bezeichnet man Erkrankungen, die vom Tier auf den Menschen oder vom Menschen auf das Tier übertragbar sind. In erster Linie gehören Parasiten zu den sogenannten Zoonosen, denn natürlich können Flöhe, Milben, Haarlinge und auch Würmer des Hundes den Menschen als Wirt befallen.

Die gefährlichste Viruserkrankung, die vom Hund auf den Menschen übertragen werden kann, ist die Tollwut. Zum Glück ist diese Übertragung in Europa so gut wie ausgeschlossen und die meisten Haushunde sind in Deutschland gegen das lebensgefährliche Tollwutvirus geimpft.

Auch bei einigen bakteriellen Erkrankungen wie Borreliose, Salmonellose, Leptospirose und Ehrlichiose sollte man als Mensch verstärkte Hygienemaßnahmen beachten, denn dann ist man als Halter eines erkrankten Hundes in der Regel auf der sicheren Seite. Übrigens können auch Sie Ihren Hund anstecken, und zwar mit Erkältungskeimen. Halten Sie bei Husten und Schnupfen Ihren Hund deshalb besser auf Abstand.

Zucker

(» Diabetes)

Zwingerhusten

(» Impfung)

„Man kann in Hunde nichts hineinprügeln, aber man kann vieles aus ihnen herausstreicheln."

Nach Astrid Lindgren 1907-2002

Liebe Leserinnen und Leser von
AUS LIEBE ZUM HUND,

wir hoffen das Lexikon gefällt Ihnen.

Zahlreiche Impulse für ein glückliches Leben mit Hund erhalten Sie wie immer monatlich in ***AUS LIEBE ZUM HUND.***

Wenn Ihnen das Lexikon Ihre Frage nicht beantwortet, ist die Redaktion gerne für Sie da: ***redaktion@liebezumhund.de***

Und für alle, die noch Leser von ***AUS LIEBE ZUM HUND*** *werden wollen:*

SIE KÖNNEN SICH HIER INFORMIEREN:
https://www.liebezumhund.de
oder direkt mit uns in Kontakt treten.

WIR FREUEN UNS AUF SIE!
Tel.: +49 228 9550-130
Fax: +49 228 3696-480
Wir sind werktags von 8:30 bis 17:00 Uhr für Sie verfügbar.
E-Mail: mein-service@vnr.de